T0194732

essentials

Essentials liefern aktuelles Wissen in konzentrierter Form. Die Essenz dessen, worauf es als „State-of-the-Art" in der gegenwärtigen Fachdiskussion oder in der Praxis ankommt. Essentials informieren schnell, unkompliziert und verständlich

- als Einführung in ein aktuelles Thema aus Ihrem Fachgebiet
- als Einstieg in ein für Sie noch unbekanntes Themenfeld
- als Einblick, um zum Thema mitreden zu können

Die Bücher in elektronischer und gedruckter Form bringen das Expertenwissen von Springer-Fachautoren kompakt zur Darstellung. Sie sind besonders für die Nutzung als eBook auf Tablet-PCs, eBook-Readern und Smartphones geeignet.

Essentials: Wissensbausteine aus den Wirtschafts, Sozial- und Geisteswissenschaften, aus Technik und Naturwissenschaften sowie aus Medizin, Psychologie und Gesundheitsberufen. Von renommierten Autoren aller Springer-Verlagsmarken.

Hermann Sicius

Seltenerdmetalle: Lanthanoide und dritte Nebengruppe

Eine Reise durch das Periodensystem

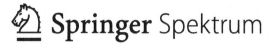 Springer Spektrum

Dr. Hermann Sicius
Dormagen
Deutschland

ISSN 2197-6708   ISSN 2197-6716 (electronic)
essentials
ISBN 978-3-658-09839-1   ISBN 978-3-658-09840-7 (eBook)
DOI 10.1007/978-3-658-09840-7

Die Deutsche Nationalbibliothek verzeichnet diese Publikation in der Deutschen Nationalbibliografie; detaillierte bibliografische Daten sind im Internet über http://dnb.d-nb.de abrufbar.

Springer Spektrum
© Springer Fachmedien Wiesbaden 2015

Gedruckt auf säurefreiem und chlorfrei gebleichtem Papier

Springer Fachmedien Wiesbaden ist Teil der Fachverlagsgruppe Springer Science+Business Media (www.springer.com)

Dieses Buch ist gewidmet:
Susanne Petra Sicius-Hahn
Elisa Johanna Hahn
Fabian Philipp Hahn
Dr. Gisela Sicius-Abel

Was Sie in diesem Essential finden können

- Eine umfassende Beschreibung von Eigenschaften, Vorkommen und Herstellung der Seltenerdmetalle (Lanthanoide) einschließlich Scandium, Yttrium, Lanthan und Actinium
- Weltmarkt für Seltenerdmetalle und deren aktuelle und zukünftige Anwendungen
- Ausführliche Charakterisierung der einzelnen Metalle

Inhaltsverzeichnis

Willkommen in der faszinierenden Welt der Seltenerdmetalle! Möglicherweise haben Sie bisher noch nie von ihnen gehört, aber diese Elemente und ihre Verbindungen kommen in vielen aktuellen Anwendungen zum Einsatz und begegnen Ihnen täglich. Zugleich werden sie für Zukunftstechnologien immer wichtiger und laufen dabei wesentlich bekannteren Metallen wie Gold den Rang ab.

Elemente werden eingeteilt in Metalle (z. B. Natrium, Calcium, Eisen, Zink), Halbmetalle wie Arsen, Selen, Tellur sowie Nichtmetalle wie beispielsweise Sauerstoff, Chlor, Jod oder Neon. Die meisten Elemente können sich untereinander verbinden und bilden chemische Verbindungen; so wird z. B. aus Natrium und Chlor die chemische Verbindung Natriumchlorid (also Kochsalz).

Die in diesem Buch vorgestellten Seltenerdmetalle wie z. B. Cer, Dysprosium oder Thulium und die diesen chemisch sehr ähnlichen Metalle der dritten Nebengruppe (Scandium, Yttrium, Lanthan, Actinium) sind ebenso chemische Elemente wie die viel bekannteren Schwefel, Sauerstoff, Stickstoff, Wasserstoff, Helium oder Gold.

Einschließlich der natürlich vorkommenden sowie der bis in die jüngste Zeit hinein künstlich erzeugten Elemente nimmt das aktuelle Periodensystem der Elemente (Abb. 1.1) bis zu 118 Elemente auf, von denen zur Zeit noch vier Positionen unbesetzt sind.

Die Metalle der dritten Nebengruppe erscheinen im Periodensystem unter „N 3". Ihre Atome besitzen jeweils ein einziges Elektron in ihrer höchsten d-Elektronenkonfiguration (Scandium: $3d^1$, Yttrium: $4d^1$, Lanthan: $5d^1$, Actinium: $6d^1$).

Die vierzehn Seltenerdmetalle von Cer bis Lutetium finden Sie im untenstehenden Periodensystem unter „Ln>". Vom Atom des Cers bis zum Atom des Lutetiums füllen diese ihre sieben 4 f-Orbitale fortlaufend mit Elektronen auf, so dass sich die Elektronenkonfiguration von $4f^1$ (Cer) bis $4f^{14}$ (Lutetium) erstreckt.

© Springer Fachmedien Wiesbaden 2015
H. Sicius, *Seltenerdmetalle: Lanthanoide und dritte Nebengruppe,* essentials,
DOI 10.1007/978-3-658-09840-7_1

H 1	H 2	N 3	N 4	N 5	N 6	N 7	N 8	N 9	N10	N 1	N 2	H 3	H 4	H 5	H 6	H 7	H 8
1 H																	2 He
3 Li	4 Be											5 B	6 C	7 N	8 O	9 F	10 Ne
11 Na	12 Mg											13 Al	14 Si	15 P	16 S	17 Cl	18 Ar
19 K	20 Ca	21 Sc	22 Ti	23 V	24 Cr	25 Mn	26 Fe	27 Co	28 Ni	29 Cu	30 Zn	31 Ga	32 Ge	33 As	34 Se	35 Br	36 Kr
37 Rb	38 Sr	39 Y	40 Zr	41 Nb	42 Mo	43 Tc	44 Ru	45 Rh	46 Pd	47 Ag	48 Cd	49 In	50 Sn	51 Sb	52 Te	53 J	54 Xe
55 Cs	56 Ba	57 La	72 Hf	73 Ta	74 W	75 Re	76 Os	77 Ir	78 Pt	79 Au	80 Hg	81 Tl	82 Pb	83 Bi	84 Po	85 At	86 Rn
87 Fr	88 Ra	89 Ac	104 Rf	105 Db	106 Sg	107 Bh	108 Hs	109 Mt	110 Ds	111 Rg	112 Cn	113 Uut	114 Fl	115 Uup	116 Lv	117 Uus	118 Uuo

Ln >	58 Ce	59 Pr	60 Nd	61 Pm	62 Sm	63 Eu	64 Gd	65 Tb	66 Dy	67 Ho	68 Er	69 Tm	70 Yb	71 Lu
An >	90 Th	91 Pa	92 U	93 Np	94 Pu	95 Am	96 Cm	97 Bk	98 Cf	99 Es	100 Fm	101 Md	102 No	103 Lr

Radioaktive Elemente   *Halbmetalle*

H: Hauptgruppen   N: Nebengruppen

Abb. 1.1 Periodensystem der Elemente

Als Ceriterden bezeichnet man gewöhnlich die ersten sieben Elemente mit Elektronenkonfigurationen von f^1 bis f^7 (Cer bis Gadolinium) einschließlich des Lanthans, wogegen die Yttererden, zu denen auch Yttrium gerechnet wird, Elektronenkonfigurationen von f^8 (Terbium) bis f^{14} (Lutetium) aufweisen. Die Literatur diskutiert diese Unterteilung jedoch unterschiedlich, zumal manche Eigenschaften der Lanthanoide sich regelmäßig über die gesamte Elementengruppe hinweg ändern und eine scharfe Trennung nicht gegeben erscheinen lassen.

Insgesamt werden wir in diesem Buch also achtzehn Elemente beschreiben, ein knappes Fünftel aller in der Natur vorkommenden. Ich werde sie Ihnen zunächst in einer zusammenfassenden Übersicht präsentieren und sie anschließend einzeln vorstellen.

Seltenerdmetalle und Metalle der dritten Nebengruppe – Geschichte, Vorkommen und Herstellung

2.1 Geschichte

Arrhenius entdeckte 1787 ein dunkles Erz nahe Ytterby (Schweden) und nannte es *Ytterit* (Gupta und Krishnamurthy 2005). Nur wenige Jahre später isolierte Gadolin in Turku (Finnland) ein neues, bis dahin unbekanntes Metalloxid („Erde"), das Ekeberg *Gadolinit* nannte. Anfang des 19. Jahrhunderts gewannen unabhängig voneinander der Deutsche Klaproth sowie die Schweden Berzelius und Hisinger eine ähnliche „Erde" aus einem bei Bastnäs (Schweden) gefundenen Erz. Jenes wurde *Cerit* und das daraus gewonnene Metall Cer genannt.

Um 1840 laugte Mosander *Cerit* mit Salpetersäure aus, trennte das bei diesem Verfahren aus der Lösung gefällte schwerlösliche Produkt ab und identifizierte es als Ceroxid. Er konnte aus der verbliebenen wässrigen Lösung zwei neue „Erden" isolieren, *Lanthana* und *Didymia*. Aus erstgenannter isolierte er durch fraktionierte Kristallisation Lanthansulfat. Wenige Jahre später stellte Mosander dann aus dem ursprünglichen *Ytterit* drei voneinander verschiedene Oxide dar, die er als Yttriumoxid (weiß), Erbiumoxid (gelb) und Terbiumoxid (rosafarben) bezeichnete. 1864 wies Delafontaine die so isolierten Elemente spektroskopisch eindeutig nach, allerdings unter Verwechslung der Namen von Terbium und Erbium, die bis heute nicht mehr geändert wurden.

Ende des 19. Jahrhunderts gelang es Auer, eine durch Behandlung von *Didymia* mit Säuren erhaltene wässrige Lösung mittels der Methode der fraktionierten Kristallisation in Salze des Praseodyms und Neodyms aufzutrennen. 1907 von ihm publizierte Versuchsergebnisse bezogen sich auf zwei weitere isolierte Elemente, die nach einem langen, mit dem französischen Chemiker Urbain und der Justiz geführten Streit über die Erstentdeckung heute Ytterbium und Lutetium genannt werden.

© Springer Fachmedien Wiesbaden 2015
H. Sicius, *Seltenerdmetalle: Lanthanoide und dritte Nebengruppe*, essentials,
DOI 10.1007/978-3-658-09840-7_2

Auch wenn bis Anfang des 20. Jahrhunderts alle in der Natur vorkommenden Seltenerdmetalle entdeckt waren, war dies den damals mit diesen Arbeiten befassten Forschern nicht bewusst. Erst die ab 1910 entwickelte Atomtheorie, die 1912 von Van den Broek eingeführten Ordnungszahlen sowie die 1913 von Growyn und Moseley präsentierte Relation zwischen Ordnungszahl eines Elements und der Frequenz der von ihm emittierten Röntgenstrahlen erlaubten die zweifelsfreie Einordnung aller bis dahin entdeckten Lanthanoide in das neue Periodensystem der Elemente.

Das Element mit der Ordnungszahl 61 war aber noch nicht bekannt. In den 1940er Jahren beanspruchten mehrere Arbeitsgruppen, zuerst Nuklide dieses Elements nachgewiesen zu haben. Schließlich konnte es 1945 am Clinton Laboratory durch Marinsky, Glendenin und Coryell mittels Ionenaustauschchromatographie aus den Produkten der Kernspaltung von Uran sowie denen der Bombardierung von Neodym mit Neutronen isoliert werden; es wurde Promethium genannt (Marinsky et al. 1947). In der Natur kommt Promethium, dessen Isotope alle radioaktiv sind, in verschwindend kleinen Mengen vor, erzeugt entweder durch Spontanspaltung von Uran oder durch Alphazerfall des Europiumisotops $^{151}_{63}$Eu. In Pechblende (Uranoxid) ist es in einer Konzentration von $(4 \pm 1) \cdot 10^{-15}$ Gramm $^{147}_{61}$Pm pro kg enthalten (Attrep und Kuroda 1968). Hochgerechnet beträgt die in der Erdkruste vorhandene Gesamtmenge an Promethium ca. 560 g, erzeugt durch Spaltung von Uran, und etwa 12 g, die durch Zerfall von $^{151}_{63}$Eu entstehen (Belli et al. 2007).

Scandium, das erste Element der dritten Nebengruppe, wurde 1879 von Nilsson in Form seines Oxids aus Euxenit und Gadolinit isoliert und nach seiner Heimatregion Skandinavien benannt. 1937 gelang es erstmals, metallisches Scandium durch Schmelzflusselektrolyse einer Mischung von Kalium-, Lithium- und Scandiumchlorid herzustellen.

Die Entdeckung der zu Scandium homologen Elemente Yttrium und Lanthan ist eng mit der der Seltenerdmetalle verbunden und wurde bereits am Anfang dieses Kapitels erwähnt.

Debierne entdeckte Actinium, das bislang schwerste Element der dritten Nebengruppe, 1899 durch Aufarbeitung von Pechblende (Debierne 1899, 1900), in der es als Zerfallsprodukt des Urans natürlich vorkommt. Alle Isotope des Actiniums sind radioaktiv.

2.2 Vorkommen

Die Seltenerdmetalle kommen wegen ihrer hohen Reaktionsfähigkeit in der Natur nicht elementar, sondern stets nur in Form ihrer chemischen Verbindungen vor. Aufgrund ihrer großen chemischen Ähnlichkeit treten sie darüber hinaus nie isoliert auf, sondern immer in Mischungen mit mehreren anderen Seltenerdmetallen sowie anderen Begleitelementen.

Die Häufigkeitsverteilung der Lanthanide gehorcht der Harkinschen Regel, die besagt, dass Elemente mit einer geraden Ordnungszahl häufiger auftreten als die benachbarten Elemente mit ungerader Ordnungszahl (s. Abb. 2.1). Daher ist es nicht möglich, bei diese Elemente enthaltenden Mineralien (z. B. Allanit, Monazit, Bastnäsit, Xenotim) eine einheitliche chemische Formel anzugeben. Es ist heute üblich, die Seltenerdmetalle bzw. ihre Ionen summarisch zu bezeichnen und in der entsprechenden chemischen Formel mit *SEE* (Seltene-Erden-Elemente) bzw. *REE* (rare earth elements) abzukürzen.

Die oben genannten Erze sind die wichtigsten, um aus ihnen die Lanthanoide zu gewinnen. Monazit besteht zumeist aus gemischten Phosphaten leichter Seltenerdmetalle (Lanthan, Cer, Neodym, Samarium), unter Beimengung kleinerer Anteile an Thoriumverbindungen. Bastnäsit ist der Sammelname für Lanthanoidfluoridcarbonate, zumeist ebenfalls auf Basis der leichteren Seltenerdmetalle und des Yttriums. Xenotim (oder *Ytterspat*) ist gemischtes Yttrium-Ytterbiumphosphat $[Y(Yb)PO_4]$.

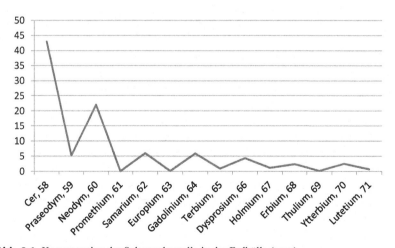

Abb. 2.1 Konzentration der Seltenerdmetalle in der Erdhülle (ppm)

Monazit, vor allem aber Bastnäsit, sind eher eine Quelle für die leichteren Lanthanoide (Ceriterden), wogegen die schwereren Seltenerdmetalle bevorzugt in Thalenit (Yttriumsilicat, $Y_2Si_2O_7$), Thortveitit (Y, $Sc)_2(Si_2O_7)$, Gadolinit (Be^{II}, $Fe^{II})_3(Si_2O_{10})$ und Xenotim angereichert sind.

In China befinden sich mit knapp 3 Mio. t Erz, mit zudem hohen Gehalten von 3–5,4 %, einige der größten Lagerstätten für Seltenerdmetalle weltweit, vor allem für die schwereren Yttererden (Spiegel Online 2014). Außerhalb Chinas liegen die größten Vorkommen in Grönland, Sibirien, Kanada (Provinz Québec) und in Australien (Mount Weld, ca. 1,5 Mio. t).

Im Südwesten Grönlands betreibt der australische Konzern Greenland Minerals and Energy das Kvanefeld-Projekt. Die zwischen 2007 und 2011 auf einer Fläche von 80 km² durchgeführten Erkundungsbohrungen ergaben Vorräte von 956 Mio. t Erz, die unter anderem 0,26 Mio. t Uranoxid, 10,3 Mio. t Oxide von Seltenerdmetallen sowie 2,25 Mio. t Zink enthalten. Der ab 2018 geplante Betrieb der Mine sieht eine jährliche Menge von 3 Mio. t zu verarbeitendem Erz vor. Daraus sollen dann 7000 t schwere und 16.000 t leichte Seltenerden pro Jahr erzeugt werden (Mumme 2014). Die ursprünglich errechneten Erschließungskosten lagen schon 2007 bei ca. US$ 2,3 Mrd. (Elsner et al. 2014).

Bereits erschlossene und in der Abbauphase befindliche Vorkommen von Seltenen Erden befinden sich außerdem in den USA (Mountain Pass, Kalifornien), Indien, Brasilien und in Malaysia (FID Verlag 2014). Vietnam arbeitet mit der Japanese Oil, Gas and Metals National Corporation, um seine 2012 auf gesamt 33 Mio. t geschätzten Vorräte an Seltenerdmetallen abzubauen (Hundt 2012). Japanische Forscher entdeckten seit 2011 große Vorkommen an Verbindungen der Seltenerdmetalle in ca. 6 km Tiefe im Pazifik, rund 2000 km südöstlich von Tokyo (Spiegel Online 2013).

2012 organisierte die Seltenerden Storkwitz AG zusammen mit einem australischen Unternehmen Probebohrungen bei Storkwitz, zwischen Dessau und Leipzig gelegen. Die bis in eine Tiefe von 600 m durchgeführten Bohrungen bestätigten die aus den 1970er Jahren stammenden Resultate, dass es sich um Vorkommen in der Größenordnung von 4,4 Mio. t Erz mit einem Anteil von 0,45 % Seltenerdoxid handelt (Wirtschaftswoche 2013). 2014 wurden weitere, bis zu einer Tiefe von 1200 m gehende Bohrungen realisiert, deren Ergebnisse aber noch nicht vollständig vorliegen.

Vor diesem Hintergrund werden eine effiziente Nutzung sowie eine Wiedergewinnung einzelner Seltenerdmetalle immer wichtiger. Vorschläge hierzu macht das Öko-Institut e. V., Berlin und Darmstadt (Schossig 2011).

2.3 Herstellung

2.3.1 Seltenerdmetalle

Die Ähnlichkeit der chemischen Eigenschaften der Lanthanoide (Ln) macht ihre Trennung aufwändig und teuer. Für die meisten technischen Anwendungen reicht der Einsatz preiswerterer Mischmetalle aus. Jenes kann direkt aus einem Mischchlorid, das am Ende der Aufbereitung von Erzen der Seltenerdmetalle, z. B. Monazit, durch Hochtemperaturchlorierung anfällt, gewonnen werden.

Zur Gewinnung der einzelnen Metalle und ihrer Verbindungen wurden im Lauf der Zeit diverse Methoden entwickelt, die folgend vorgestellt werden. Diese dienen zunächst zur Trennung der Kationen der einzelnen Seltenerdmetalle voneinander, bevor aus den isolierten, ionenreinen Fraktionen, je nach Menge, die jeweiligen Metalle hergestellt werden können. Sehr ausführlich sind die Gewinnungsprozesse, vom Erz bis zum reinen Metall, bei Kieffer et al. (1971) sowie Gupta und Krishnamurthy (2004) beschrieben.

Fraktionierte Kristallisation Dieses bis Anfang der 1970er Jahre erfolgreich angewandte Verfahren ist heute nur noch von historischem Interesse. Es nutzt die unterschiedliche Löslichkeit der jeweiligen Magnesiumdoppelnitrate $2 \, Ln(NO_3)_3 \cdot 3 \, Mg(NO_3)_2 \cdot 24 \, H_2O$ in Wasser. Eine wässrige, diese Salze enthaltende Lösung dampft man so weit ein, dass ungefähr die Hälfte der Salzmenge aus dieser auskristallisiert.

Man filtriert die Kristalle ab, löst sie wieder in Wasser und lässt die Lösung wie oben beschrieben erneut zur Hälfte auskristallisieren. Ebenso dampft man die flüssige Phase, die Mutterlauge, ein weiteres Mal ein.

Durch mehr- bis vielfaches Wiederholen des Prozesses und systematisches Vereinigen von Lösungen und Kristallen können die Lanthanoidkationen zunächst in leicht, mittelschwer und schwer lösliche Fraktionen unterteilt werden.

Wird dieses Verfahren fortgesetzt, so ist nach einer genügend hohen Zahl von Kristallisationsschritten eine scharfe Auftrennung und damit die Isolierung sehr reiner Fraktionen eines einzelnen Lanthanoidkations erzielbar. Es können unter Umständen aber ca. 10.000 Trennoperationen hierfür erforderlich sein (Bildungsserver für Chemie, Cornelsen-Verlag 2012; Sartori 1975).

Fraktionierte Fällung Diese Methode der fraktionierten Fällung der Lanthanoidhydroxide zeigt viele Parallelen zu dem der fraktionierten Kristallisation. Für die Auftrennung wichtige Kriterien sind die Löslichkeitsprodukte und Basizitäten der

Lanthanoidhydroxide [Ln(OH)$_3$]. Diese nehmen mit steigender Ordnungszahl des Seltenerdmetalls (also mit abnehmenden Ionenradius) ab.

Eine wässrige Lösung von Lanthanoidsalzen wird mit Natronlauge oder Ammoniaklösung versetzt. Zuerst fallen die schwerer löslichen Hydroxide der Yttererden aus, erst später die leichter löslichen Hydroxide der Ceriterden.

Der pH-Wert der Lösung ist durch Zugabe der Base gut steuerbar, so lassen sich die in der Lösung enthaltenen Seltenerdmetallkationen in verschiedene Fraktionen unterteilen. Indem fortlaufend die Fällungen wiederholt und einzelne Fraktionen vereinigt werden, kann man analog zum bei der fraktionierten Kristallisation angegebenen Schema eine Auftrennung bis hin zu den einzelnen Elementen erreichen.

Trennung durch Redoxreaktionen Einige Seltenerdmetalle bilden nicht nur Kationen der Oxidationsstufe +III, sondern auch solche mit den Oxidationsstufen +II und +IV. Die Eigenschaften der daraus gebildeten Verbindungen unterscheiden sich voneinander oft stark.

Bereits eine ein- bis dreimalige Wiederholung dieser Methode genügt, um das betreffende Seltenerdmetall in ausreichender Reinheit zu isolieren. Andererseits ist dieses Verfahren nur auf bestimmte Lanthanoide anwendbar.

Cer und Terbium können zu ihren jeweiligen Kationen der Oxidationsstufe +IV oxidiert, Samarium, Europium und Ytterbium dagegen zu ihren Kationen der Oxidationsstufe +II reduziert und hiernach abgetrennt werden.

In der Technik wendet man dieses Verfahren zur Herstellung reinen Cers an. Nach Ausfällung der Hydroxide Ln(OH)$_3$ aus einer mehrere Seltenerdmetallkationen enthaltenden Lösung filtriert man die Hydroxide ab und erhitzt sie an der Luft auf ca. 100 °C. Nur Cer-III-hydroxid wird dabei zu (in reinem Zustand hellbeigem) Cer-IV-Oxid umgewandelt, das sich im Gegensatz zu den beim Erhitzen in Luft mit entstandenen Seltenerdmetalloxiden Ln$_2$O$_3$ nicht in Salpetersäure löst.

Ionenaustauschchromatographie Der Einsatz dieses Verfahrens ergibt bereits nach wenigen Arbeitsschritten eine sehr gute Isolierung einzelner Seltenerdmetallkationen. Dabei lässt man eine wässrige, diese Kationen enthaltende Lösung durch Säulen laufen, die Kationenaustauscherharze enthalten (Weis 2001; Hecht und Zacherl 1955).

Das Gleichgewicht der Ionenaustauschreaktion

$$\text{Ln}^{3+}\left(\text{aq}\right) + 3\,\text{RSO}_3\text{H}\,\left(\text{s}\right) \rightarrow \text{Ln}\left(\text{RSO}_3\right)_3\left(\text{s}\right) + 3\text{H}^{+}\left(\text{aq}\right)$$

verschiebt sich mit steigendem Ionenradius immer mehr zur rechten Seite. Daher werden Lanthan-III-Ionen zuerst gebunden, Lutetium-III-Ionen dagegen zuletzt.

Zur Vervollständigung der Trennung wäscht man anschließend die Säule mit anionischen Komplexbildnern aus, die die in Form nahezu getrennter Fraktionen auf der Säule gebundenen Lanthanoidkationen Ln^{3+} im allgemeinen umso leichter auswaschen, je kleiner der Radius des betreffenden Kations ist. Diese Kationen fallen also in umgekehrter Reihenfolge ihrer Ordnungszahl an und werden in voneinander getrennten Eluatfraktionen gesammelt. Die Isolierung einzelner Lanthanoidkationen bzw. deren Komplexe mittels geeigneter Ionenaustauscher für technische oder medizinische Anwendungen ist in einigen Patenten beschrieben, beispielhaft sei hier (Maisano und Crivellin 2009) für Gadoliniumchelate genannt.

Hochleistungsflüssigchromatographie (HPLC) Die Trennung der Seltenerdkationen ist ebenfalls mittels Hochleistungsflüssigchromatographie (HPLC) möglich und wurde bereits in mehreren Veröffentlichungen beschrieben (beispielsweise (Meyer 2008; Schwantes et al. 2008).

Einige Verfahren greifen zusätzlich auf Ionenaustausch zurück, um Paare benachbarter Lanthanoiden schnell und unter Erzielung hoher Reinheiten zu trennen (Tm/Er, Gd/Eu, Eu/Sm, Sm/Pm und Pm/Nd). Schwantes et al. (2008) diskutieren die Isolierung radioaktiver Zielionen für Neutroneneinfangexperimente (Schwantes et al. 2008). Hier wird die chromatografische Trennung in einer mit einem Kationenaustauscherharz gefüllten Säule durchgeführt. Anschließend wurden die einzelnen Lanthanoidkationen durch Elution mit alpha-Hydroxyisobuttersäure (α-HIB) ausgewaschen, dies mit einer Trennungsauflösung von 4 innerhalb von 15 min.

Lösungsextraktion 1952 wurde als neues Aufarbeitungsverfahren die Lösungsextraktion entwickelt. Dabei extrahiert man die Lanthanoiden mittels Tributylphosphat (TBP) fraktionierend als $Ln(NO_3)_3 \cdot 3$ TBP-Komplexe, deren Löslichkeit in Wasser mit steigender Atommasse zunimmt. Wirtschaftlich hat sich dieses Verfahren wegen des hohen Arbeitsaufwandes aber nicht dauerhaft behaupten können.

In der Praxis beruht die Lösungsextraktion der Seltenerdmetallkationen auf der für jedes einzelne Kation unterschiedlichen und selektiven Aufteilung zwischen zwei flüssigen Phasen, der verdünnt salpetersauren (polaren) Lösung der Lanthanoid-Ionen und einer organischen (unpolaren) Mischung von unpolarem Lösungsmittel und einem Komplexbildner (z. B. Tributylphosphat, Di(2-ethylhexyl) phosphorsäure (Gschneider und Eyring 1995; Koch et al. 1993) oder langkettige quartäre Ammoniumsalze).

Man verquirlt beide nicht miteinander mischbaren Phasen im Gegenstrom, um bestimmte Seltenerdmetallionen mittels TBP aus der wässrigen Lösung zu extrahieren. Danach trennt man die organische Phase, die jetzt die Ln^{3+}-Ionen enthält, ab, um jene danach wieder zurück in eine weitere wässrige Phase zu überführen. Die salpetersaure Lösung wird erneut mit dem organischen Lösungsmittel und einem anderen Komplexbildner versetzt, um durch Wiederholung des Verfahrens weitere Ln^{3+}-Ionen abzutrennen. Bis zur Erzielung ausreichend hoher Reinheiten ist dieses Verfahren etwa hundert Mal hintereinander anzuwenden.

Nach erfolgreicher Auftrennung in die einzelnen reinen Metallsalzfraktionen überführt man letztere meist in die jeweiligen Chloride $LnCl_3$, aus denen die reinen Metalle durch Schmelzflusselektrolyse gewonnen werden.

2.3.2 Metalle der dritten Nebengruppe

Metallisches Scandium erzeugt man aus seinem natürlich vorkommenden Silikat Thortveitit, das in mehreren Schritten zu Scandiumoxid umgewandelt wird. Dieses setzt man dann mit Fluorwasserstoff zu Scandiumfluorid um und reduziert jenes mit Calcium.

Wöhler stellte unreines Yttrium bereits 1824 durch Reaktion von Yttriumchlorid mit Kalium her. Heute erzeugt man reines Yttrium durch Reduktion seines Fluorids mit Calcium.

Zur Produktion von Lanthan müssen zunächst Lösungen hergestellt werden, die Lanthan-III-ionen in reiner Form enthalten. Aus diesen fällt man Lanthan-III-oxalat, das wiederum zu Lanthan-III-oxid verglüht wird. Dieses setzt man entweder im Gemisch mit Kohle im Chlorstrom bei erhöhter Temperatur zu Lanthan-III-chlorid um, oder aber man überführt Lanthan-III-oxid im Drehrohrofen mit Fluorwasserstoff zu Lanthan-III-fluorid. Das Metall gewinnt man schließlich durch Schmelzflusselektrolyse von Lanthan-III-chlorid oder durch Reduktion von Lanthan-III-fluorid mit Calcium oder Magnesium.

Da Actinium in der Natur nur in sehr geringen Mengen vorkommt und zudem von seinen Begleitelementen, den Actiniden, nur mit äußerst hohem Aufwand getrennt werden kann, wäre eine Gewinnung natürlich vorkommenden Actiniums extrem teuer. Heute stellt man das Isotop $^{227}_{89}Ac$ durch Bestrahlung von $^{226}_{88}Ra$ mit Neutronen in Kernreaktoren her.

Seltenerdmetalle und Metalle der
dritten Nebengruppe – Physikalische
und chemische Eigenschaften

3

3.1 Physikalische Eigenschaften

3.1.1 Seltenerdmetalle (Lanthanoide)

Wie in der Einleitung bereits erwähnt, besitzen die Atome der vierzehn Lanthanoide die Elektronenkonfiguration [Xe] $6s^2$ $5d^1$ $4f^{1-14}$. Einige ihrer physikalischen Eigenschaften ändern sich kontinuierlich von einem zum darauf folgenden Element. Charakteristisch ist die Abnahme der Ionenradien mit wachsender Kernladungszahl und Atommasse („Lanthanoidenkontraktion"). Diese wirkt sich sogar noch auf einige Elemente der dritten Reihe der Übergangsmetalle aus, deren Ordnungszahlen auf die der Lanthanoide folgen. Die außergewöhnliche Ähnlichkeit von Zirkonium und Hafnium, von Niob und Tantal und auch noch von Molybdän und Wolfram ist großenteils hierauf zurückzuführen.

Andere physikalische Eigenschaften wie Dichte, Schmelzpunkte, magnetische Momente oder Farbe der dreiwertigen Ionen unterliegen dagegen periodischen Änderungen. Alle Daten sind in den Tabellen im zweiten Teil dieses Buches enthalten.

Cer, Europium und Ytterbium zeigen die niedrigsten Schmelzpunkte, ebenso – neben Praseodym – die niedrigsten Dichten. Dysprosium und Holmium weisen die höchste Magnetisierung auf und werden, vor allem Holmium, in Legierungen für Hochleistungsmagnete eingesetzt. Alle Lanthanoide sind silbrig oder silbrig-weiß erscheinende Schwermetalle mit Dichten von 6,77 g/cm³ (Cer) bis 9,84 g/cm³ (Lutetium) (zum Vergleich: Eisen mit 7,88 g/cm³).

Die magnetischen und spektralen Eigenschaften einzelner Lanthanoidkationen bestimmt die jeweilige Besetzung der 4f-Orbitale. Diese werden stark durch die weiter außen liegenden, besetzten $5s^2$- und $5p^6$-Schalen abgeschirmt und so nur schwach durch die Umgebung beeinflusst. Daher sind die für die Absorptions-

© Springer Fachmedien Wiesbaden 2015
H. Sicius, *Seltenerdmetalle: Lanthanoide und dritte Nebengruppe*, essentials,
DOI 10.1007/978-3-658-09840-7_3

bzw. Emissionsspektren der Ln^{3+}-Ionen maßgeblichen Energieniveaus der 4f-Orbitale genau definiert, was in scharfen, nahezu monochromatischen Spektrallinien zum Ausdruck kommt. Diese f-f-Übergänge unterscheiden somit sehr deutlich von den über einen breiten Wellenlängenbereich verteilten d-d-Übergängen, die oft einem starken Einfluss des Ligandenfelds unterliegen.

3.1.2 Metalle der dritten Nebengruppe

Scandium und Yttrium zeigen Schmelzpunkte um 1500°C, wogegen Lanthan und Actinium bei etwa 1000°C schmelzen. Scandium ist noch ein Leichtmetall, Yttrium steht auf der Stufe zum Schwermetall, und Lanthan sowie Actinium haben bereits beachtlich hohe Dichten und sind Schwermetalle. Alle Metalle dieser Gruppe haben ein silbrig-weißes Aussehen.

3.2 Chemische Eigenschaften

3.2.1 Seltenerdmetalle (Lanthanoide)

Die am häufigsten vorkommende Oxidationsstufe der Lanthanoide ist $+3$, daneben existieren die Oxidationsstufen $+4$ für Cer, Praseodym und Terbium sowie die Oxidationsstufe $+2$ für Europium, Samarium und Ytterbium.

Alle Lanthanoide (im Folgenden als Ln abgekürzt) sind sehr reaktionsfähige Metalle, die wegen ihrer stark negativen Normalpotentiale E^0 für die Reaktion $Ln^{3+} + 3\,e^- \rightarrow Ln$ von $-2,833$ V (Ce) bis $-2,25$ V (Lu) sehr leicht oxidiert werden und so starke Reduktionsmittel darstellen. Sie reagieren schon mit Wasser und verdünnten Säuren unter Wasserstoffentwicklung, mit Nichtmetallen (z. B. Sauerstoff, Chlor, Stickstoff) bei erhöhter Temperatur meist heftig zu Oxiden Ln_2O_3, Chloriden $LnCl_3$ und Nitriden LnN.

Daher kommen die Lanthanoidmetalle nur chemisch gebunden und oft miteinander vergesellschaftet in der Natur vor. Sie sind relativ gleichmäßig in der Erdkruste verteilt; es gibt nicht viele Lagerstätten, in denen diese Elemente hoch angereichert vorkommen.

Die schwer wasserlöslichen Fluoride LnF_3 erhält man am besten mittels Fällung aus schwach sauren Lösungen. Die Oxalate $Ln_2(C_2O_4)_3 \cdot n\,H_2O$ sind, ebenso wie die der Erdalkalimetalle, schwer löslich in wässrigen Medien und können aus verdünnter salpetersauren Lösung gefällt werden, übrigens eines der zur qualitativen und quantitativen Analyse auf Lanthanoidkationen verwendetes Verfahren.

3.2.2 Metalle der dritten Nebengruppe

Scandium, Yttrium, Lanthan und Actinium bilden praktisch nur Verbindungen, in denen sie in der Oxidationsstufe $+3$ vorliegen. Auch sie zeigen stark negative Normalpotentiale und werden, vom Scandium zum Actinium hin zunehmend, von Wasser auch bei Raumtemperatur schon angegriffen; in Säuren lösen sie sich leicht.

Analytik

4

Alkalihydroxide und Ammoniumhydroxid fällen aus wässrigen Lösungen von Ln-III-salzen weiße, in der Kälte schleimige Niederschläge der Hydroxide aus, die in überschüssiger Alkalihydroxidlösung unlöslich sind. In schwach saurer Lösung sind die Ln^{3+}-Kationen als Iodate, Oxalate und Fluoride fällbar. Die wässrigen Lösungen der Ionen sind farbig und absorbieren Licht bestimmter Wellenlänge (Hofmann und Jander 1972; Van Nieuwenburg und Van Ligten 1959).

Die Nachweisgrenzen der Bestimmung der Ln^{3+}-Kationen liegt bei 1 mg/kg; nachgewiesen wird das nach Bestrahlung mit Röntgenstrahlen emittierte Licht, dessen Wellenlängenverteilung für jedes Seltenerdmetallion charakteristisch ist. Einige andere Metallionen (z. B. Chrom-III) stören aber diese Bestimmung, so dass eine vorherige Abtrennung erforderlich ist (Nopper 2003).

Die ICP-Atomemissionsspektrometrie ist die heute gängigste Nachweismethode. Die in der Probe enthaltenen Substanzen werden in ein extrem heißes Plasma eingespritzt, worauf sie sofort ionisiert und zudem angeregt werden. Beim Übergang der Ionen zurück in ihren Grundzustand geben sie jeweils Licht einer für jedes Element typischen Wellenlänge ab (Nopper 2003).

© Springer Fachmedien Wiesbaden 2015
H. Sicius, *Seltenerdmetalle: Lanthanoide und dritte Nebengruppe*, essentials,
DOI 10.1007/978-3-658-09840-7_4

Weltmarkt

5

Die weltweite Marktsituation für Seltenerdmetalle ist für Ceriterden („leichte" Lanthanoiden, z. B. Cer, Lanthan, Praseodym, Neodym) und Yttererden („schwere" Lanthanoiden, beispielsweise Dysprosium, Terbium, Europium) unterschiedlich. Eine umfassende Übersicht zur Situation bis 2009 liefern Elsner und Liedtke (2009). Ebenfalls sehr ausführlich, jedoch nur die Situation bis Anfang der 2000er Jahre betrachtend, ist die Arbeit von Haxel et al. (2005), deren Themenschwerpunkte die damalige weltweite Situation der Förderländer und die Häufigkeit des Vorkommens aller Elemente, im Besonderen die der Seltenerdmetalle sind. Lohmann und Podbregar beschreiben die aktuelle Knappheit einiger Seltenerdmetalle und den beginnenden Verteilungskampf der Industrie um diese essentiellen Rohstoffe (Lohmann und Podbregar 2012).

Das Angebot für Ceriterden ist inzwischen ausreichend und durch mehrere Anbieterländer gesichert, bei den „schwereren" Elementen hat China aber immer noch eine übermächtige Stellung (Elsner 2014).

Bislang beherrschte China den Markt eindeutig; noch 2013 erzielte das Land 92 % der gesamten weltweiten Fördermenge (Lohmann und Podbregar 2012) und reduzierte deren Exportquote binnen kurzem mehrfach nacheinander stark, für einige Metalle auch fast völlig, um die zur Verarbeitung dieser wertvollen Rohstoffe benötigten Schlüsselindustrien im eigenen Land entwickeln zu können (Bradsher 2009). Die ursprüngliche Vermutung, diese Politik bezwecke, Produktion aus dem Westen nach China zu verlagern, wird vermehrt in Frage gestellt, da in China tätige westliche Unternehmen über wachsende Benachteiligung gegenüber einheimischen Herstellern klagen (Neue Zürcher Zeitung 2010).

Diese Dominanz Chinas wird jedoch durch das verstärkte Aufkommen anderer Förderländer innerhalb der nächsten zehn Jahren weitgehend schwinden, wodurch auch die Preise eine Korrektur erfahren dürften (Pothen 2014). Man schätzt, dass

© Springer Fachmedien Wiesbaden 2015
H. Sicius, *Seltenerdmetalle: Lanthanoide und dritte Nebengruppe,* essentials,
DOI 10.1007/978-3-658-09840-7_5

die außerhalb Chinas geförderte Menge an Seltenerdmetallen bis zum Jahr 2020 auf bis zu 140.000 t/a steigen könnte, was zu jenem Zeitpunkt etwa der Hälfte der vorhergesagten weltweiten Fördermenge entspräche. In der jüngeren Vergangenheit wurde die Förderung Seltener Erden in den vormals wichtigen Förderländern zwischenzeitlich unrentabel. Von 2011 bis heute modernisierte das US-amerikanische Unternehmen Molycorp Minerals vor dem Hintergrund der chinesischen Ausfuhrbeschränkungen die Förder- und Produktionsanlagen in ihrer Mine in Mountain Pass. Diese war vor Eintritt Chinas in den Weltmarkt einmal die größte der Welt (Molycorp Minerals, Inc. 2014); mit der Aufnahme der regulären Produktion wurde bereits wieder begonnen (Think Ingkompakt 2013).

Die Vereinigten Staaten von Amerika verklagten China schließlich vor der Welthandelsorganisation (WTO) im März 2012 (Frankfurter Allgemeine Zeitung 2012). Als Antwort auf die Proteste etablierte die Volksrepublik China wenig später einen Wirtschaftsverband für Seltene Erden, der deren Abbau und Verarbeitung koordinieren und die Verkaufspreise festsetzen sollte (Spiegel Online 2012).

Japanische Firmen, die einen großen Bedarf an Seltenerdmetallen und ihren Verbindungen haben, treffen Vorsorgemaßnahmen gegenüber drohenden Engpässen. Manche Großunternehmen wie z. B. Toyota bilden hierfür eigens Arbeitsgruppen gebildet; diese Maßnahmen werden vom Ministerium für Handel und Wirtschaft unterstützt.

Jüngst entdeckte, große Vorkommen von Selteneren in Grönland und Kanada dürften weiter dazu beitragen, die weltweite Versorgungslage zu entspannen. Die Vorräte im bereits vorher genannten grönländischen Kvanefeld-Projekt könnten bei 100.000 t liegen, womit alleine diese Region für eine Produktionsmenge stünde, die der chinesischen Jahresproduktion nahekäme.

Nach einer 2011 durchgeführten Studie von Roland Berger Strategy Consultants (2011) sowie Cmiel (2012) werden Engpässe weiterhin eher bei den schweren Seltenerdmetallen gesehen. Die Preise für jene werden deshalb demnächst ansteigen und auch über längere Zeit relativ hoch bleiben, wogegen die Preise für die leichteren Ceriterden in naher Zukunft eher sinken werden.

Bencek et al. (2011) kommen zu dem Schluss, dass die aktuelle Nervosität um eventuelle Versorgungsengpässe bei Seltenerdmetallen vorübergehend ist. Der Vorschlag der Industrie zur Errichtung von Vorratslagern sollte jedoch von der Wirtschaftspolitik unterstützt, und eine langfristige Rohstoffstrategie verfolgt werden.

Einzelne Metalle der dritten Nebengruppe (Scandium, Yttrium, Lanthan, Actinium) sowie der Gruppe der Seltenerdmetalle Cer bis Lutetium)

6

In den nachfolgenden Einzelbeschreibungen finden Sie das Portrait eines jeden Metalls auf jeweils einer Doppelseite. Die dort beschriebenen Anwendungen gehen weit über den Einsatz des Mischmetalls für Feuersteine und Seltenerdoxide als hydrophobe Zusätze für Keramikerzeugnisse (z. B. Azimi et al. 2013) hinaus.

Zunächst sind die Portraits der Elemente der dritten Nebengruppe dargestellt, danach folgen die Lanthanoide (Seltenerdmetalle).

© Springer Fachmedien Wiesbaden 2015

H. Sicius, *Seltenerdmetalle: Lanthanoide und dritte Nebengruppe*, essentials,

DOI 10.1007/978-3-658-09840-7_6

Scandium

Symbol:	Sc	
Ordnungszahl:	21	
CAS-Nr.:	7440-20-2	
Aussehen:	Silbrig-weiß	Scandium, Walze [Metallium, Inc., 2015]
Farbe von Sc^{3+}aq.:	Farblos	
Entdecker, Jahr	Nilson, Cleve (Schweden) , 1879	
Wichtige Isotope [natürliches Vorkommen (%)]	Halbwertszeit (a)	Zerfallsart, -produkt
$^{45}_{21}$Sc (100)	Stabil	----
Vorkommen (geographisch, welches Erz):	Norwegen, Madagaskar	Thortveitit
Massenanteil in der Erdhülle (ppm):		5,1
Preis (US$), 99 % [Metallium, Inc.]	5 g (Brocken)	97 (2014-12-04)
	9,6 g (Walze, Ø 1,2 cm, in Ampulle):	320 (2014-12-04)
Atommasse (u):		44,96
Elektronegativität (Pauling)		1,36
Normalpotential (V; Sc^{3+} + 3 e$^-$ -> Sc)		-2,03
Atomradius (berechnet, pm):		160 (184)
Kovalenter Radius (pm):		170
Ionenradius (pm):		81
Elektronenkonfiguration:		[Ar] $4s^2$ $3d^1$
Ionisierungsenergie (kJ / mol), erste ♦ zweite ♦ dritte:		633 ♦ 1235 ♦ 2389
Magnetische Volumensuszeptibilität:		$2,6 \cdot 10^{-4}$
Magnetismus:		Paramagnetisch
Curie-Punkt ♦ Néel-Punkt (K):		Keine Angabe
Einfangquerschnitt Neutronen (barns):		27
Elektrische Leitfähigkeit ([A / (V · m)], bei 300 K):		$1,81 \cdot 10^6$
Elastizitäts- ♦ Kompressions- ♦ Schermodul (GPa):		74,4 ♦ 56,6 ♦ 29,1
Vickers-Härte ♦ Brinell-Härte (MPa):		--- ♦ 750
Kristallsystem:		Hexagonal
Schallgeschwindigkeit (m / s, bei 293 K):		Keine Angabe
Dichte (g / cm^3, bei 298 K)		2,99
Molares Volumen (m^3 / mol, bei 293 K):		$15,00 \cdot 10^{-6}$
Wärmeleitfähigkeit ([W / (m · K)]):		15,8
Spezifische Wärme ([J / (mol · K)]):		25,52
Schmelzpunkt (°C ♦ K):		1541 ♦ 1814
Schmelzwärme (kJ / mol):		14
Siedepunkt (°C ♦ K):		2836 ♦ 3109
Verdampfungswärme (kJ / mol):		333

Gewinnung Als Ausgangsstoff zur Herstellung von Scandium dient hauptsächlich Thortveitit, das einzige Mineral, das das Element in nennenswerter Menge enthält. Scandiummetall wird anschließend durch Umsetzung zum Fluorid und Reduktion mit Calcium erzeugt.

Eigenschaften Scandium zählt zu den Leichtmetallen. An Luft wird es langsam matt, es bildet sich eine schützende gelbliche Oxidschicht. Scandium reagiert mit verdünnten Säuren unter Bildung von Wasserstoff und Sc^{3+}-Ionen. In Wasserdampf reagiert es ab 600 °C schnell zu Scandiumoxid (Sc_2O_3). In wässrigen Lösungen verhalten sich Sc^{3+}-Ionen ähnlich wie Al^{3+}-Ionen.

Verbindungen Scandiumoxid entsteht durch Verbrennen elementaren Scandiums an Luft, ist aber auch durch Glühen anderer Scandiumsalze darstellbar. Es ist ein weißes Pulver mit dem sehr hohen Schmelzpunkt von 2485 °C.

Scandiumfluorid ist durch Reaktion von Scandium-III-hydroxid oder Scandium-III-oxid mit Flusssäure oder Ammoniumhydrogenfluorid zugänglich und ist ebenfalls ein weißes, wasserunlösliches Pulver.

Scandiumchlorid wird durch Reaktion von Scandiumoxid oder Scandiumcarbonat mit Salzsäure oder Ammoniumchlorid gebildet und ist ein weißer Feststoff. Das gelbe, hygroskopische und hydrolysierbare Scandiumiodid kann direkt durch Reaktion von Scandium mit Iod erzeugt werden.

Anwendungen Wichtigste Anwendung ist die von Scandiumiodid in Hochleistungs-Hochdruck-Quecksilberdampflampen, beispielsweise zur Stadionbeleuchtung. Zusammen mit Holmium- und Dysprosiumverbindungen entsteht ein dem Tageslicht ähnliches Licht.

Legierungen verleiht Scandium gefügestabilisierende und korngrößenfeinende Eigenschaften. Eine Aluminium-Lithium-Legierung mit Zusätzen geringer Mengen an Scandium dient zur Herstellung einiger Bauteile in russischen Kampfflugzeugen. In manchen Bauteilen für Rennräder findet sich metallisches Scandium ebenfalls.

Scandium wird ebenso zur Herstellung von Laserkristallen wie auch magnetischen Datenspeichern, letzteres zur Erhöhung der Ummagnetisierungsgeschwindigkeit, eingesetzt. Scandiumchlorid ist, in sehr geringen Mengen verwendet, eine unverzichtbare Komponente des Katalysators zur Herstellung von Chlorwasserstoff.

Yttrium

Symbol:	Y		
Ordnungszahl:	39		
CAS-Nr.:	7440-65-5		
Aussehen:	Silbrig-weiß	Yttrium, Brocken [Metallium, Inc. 2015]	Yttrium, Pulver [Sicius 2015]
Farbe von Y^{3+}aq.:	Farblos		
Entdecker, Jahr	Mosander (Schweden), 1842		
Wichtige Isotope [natürliches Vorkommen. (%)]	Halbwertszeit (a)		Zerfallsart, -produkt
$^{89}_{39}$Y (100)	Stabil		----
Vorkommen (geographisch, welches Erz):	Brasilien, Indien, USA, China		Gadolinit, Thalenit, Xenotim, Monazit
Massenanteil in der Erdhülle (ppm):			26
Preis (US$), 99 % [Metallium, Inc.]	50 g (Brocken)		39 (2014-12-04)
	14 g (Walze, Ø 1,2 cm, in Ampulle):		68 (2014-12-04)
Atommasse (u):			88,906
Elektronegativität (Pauling)			1,22
Normalpotential (V; Y^{3+} + 3 e⁻ -> Y)			-2,37
Atomradius (berechnet, pm):			180 (212)
Kovalenter Radius (pm):			190
Ionenradius (pm):			93
Elektronenkonfiguration:			[Kr] $5s^2$ $4d^1$
Ionisierungsenergie (kJ / mol), erste ♦ zweite ♦ dritte:			600 ♦ 1180 ♦ 1980
Magnetische Volumensuszeptibilität:			$1,2 \cdot 10^{-4}$
Magnetismus:			Paramagnetisch
Curie-Punkt ♦ Néel-Punkt (K):			Keine Angabe
Einfangquerschnitt Neutronen (barns):			1,3
Elektrische Leitfähigkeit ([A / (V · m)], bei 300 K):			$1,66 \cdot 10^6$
Elastizitäts- ♦ Kompressions- ♦ Schermodul (GPa):			63,5 ♦ 41,2 ♦ 25,6
Vickers-Härte ♦ Brinell-Härte (MPa):			--- ♦ 589
Kristallsystem:			Hexagonal
Schallgeschwindigkeit (m / s, bei 293 K):			3300
Dichte (g / cm^3, bei 298 K)			4,47
Molares Volumen (m^3 / mol, bei 293 K):			$19,98 \cdot 10^{-6}$
Wärmeleitfähigkeit ([W / (m · K)]):			17
Spezifische Wärme ([J / (mol · K)]):			26,53
Schmelzpunkt (°C ♦ K):			1526 ♦ 1799
Schmelzwärme (kJ / mol):			11,4
Siedepunkt (°C ♦ K):			2930 ♦ 3203
Verdampfungswärme (kJ / mol):			390

Gewinnung Aufkonzentriertes und gereinigtes Yttriumoxid wird durch Reaktion mit Fluorwasserstoff in Yttriumfluorid überführt, das dann mit Calcium im Vakuuminduktionsofen zu Yttriummetall umgesetzt wird.

Eigenschaften Yttrium ist an der Luft relativ beständig, läuft aber unter Licht an Bei Temperaturen oberhalb von 400 °C können sich frische Schnittstellen entzünden. Von Wasser wird es langsam angegriffen, in Säuren löst es sich als unedles Metall schnell auf.

In seinen Verbindungen tritt es praktisch nur in der Oxidationsstufe +3 auf. In einigen Clusterverbindungen kann es auch in Oxidationsstufen <3 vorliegen. Yttrium zählt noch zur Gruppe der Leichtmetalle.

Verbindungen Yttriumoxid (Y_2O_3) kommt in der Natur in einigen Mineralen (Samarskit, Yttrobetafit) vor. Man gewinnt das weiße, hochschmelzende (2410 °C) Pulver durch Verglühen von z. B. Yttriumoxalat oder -hydroxid an der Luft.

Yttriumfluorid wird durch Reaktion von Fluor mit Yttriumoxid oder besser aus Yttriumhydroxid und Flusssäure dargestellt und ist in einem sehr breiten Wellenlängenbereich (200 bis 14.000 nm) transparent. Yttriumchlorid stellt man aus Salzsäure und Yttriumoxid her.

Gelbes Yttriumsulfid (Y_2S_3) ist aus den Elementen in der Hitze darstellbar, hygroskopisch und hydrolyseempfindlich.

Anwendungen Metallisches Yttrium wird wegen seines geringen Einfangquerschnitts für thermische Neutronen zur Herstellung von Rohren für Kernkraftwerke verwendet. Seine Legierung mit Cobalt YCo_5 ist stark magnetisch. Yttrium ist enthalten in Heizdrähten für Ionenquellen von Massenspektrometern und fungiert beispielsweise als Legierungsbestandteil zur Kornfeinung in Eisen-Chrom-Aluminium-Heizleiterlegierungen. Aluminium- und Magnesiumlegierungen verleiht es höhere Festigkeit.

Am wichtigsten ist die Verwendung von Yttriumoxid und -oxidsulfid in dotierten Leuchtstoffen, in Kombination verwendet mit Europium (rot) und Thulium (blau), in Fernsehbildröhren, Leuchtstofflampen und Radarröhren.

Yttriumnitrat ist Beschichtungsmaterial in Glühstrümpfen, und Yttrium-Aluminium-Granat (YAG) dient als Laserkristall. Eine Zukunftstechnologie ist der Einsatz durch Yttrium stabilisierten Zirkoniumdioxids als Festelektrolyt in Brennstoffzellen.

Als reiner Beta-Strahler wird das Isotop $^{90}_{39}Y$ in der Radiosynoviorthese zur Therapie großer Gelenke (z. B. Knie) eingesetzt.

Lanthan

Symbol:	La	
Ordnungszahl:	57	
CAS-Nr.:	7439-91-0	
Aussehen:	Silbrig-weiß	Lanthan, Brocken [Metallium, Inc. 2015]
Farbe von La^{3+}aq.:	Farblos	
Entdecker, Jahr	Mosander (Schweden), 1839	
Wichtige Isotope [natürliches Vorkommen (%)]	Halbwertszeit (a)	Zerfallsart, -produkt
$^{137}_{57}$La (synthetisch)	60.000	ε >$^{137}_{56}$Ba
$^{138}_{57}$La (0,09)	1,05 · 10^{11}	ε >$^{138}_{56}$Ba ♦ β$^-$ >$^{138}_{58}$Ce
$^{139}_{57}$La (99,91)	Stabil	----
Vorkommen (geographisch, welches Erz):	China, Skandinavien	Monazit, Bastnäsit
Massenanteil in der Erdhülle (ppm):	17	
Preis (US$), 99 % [Metallium, Inc.]	50 g (Brocken, unter Mineralöl)	38 (2014-12-04)
	20 g (Walze, Ø 1,2 cm, in Ampulle):	80 (2014-12-04)
Atommasse (u):	138,905	
Elektronegativität (Pauling)	1,1	
Normalpotential (V; La^{3+} + 3 e$^-$ -> La)	-2,38	
Atomradius (berechnet, pm):	195	
Kovalenter Radius (pm):	207	
Ionenradius (pm):	103	
Elektronenkonfiguration:	[Xe] 6s^2 5d^1 4f^0	
Ionisierungsenergie (kJ / mol), erste ♦ zweite ♦ dritte:	538 ♦ 1067 ♦ 1850	
Magnetische Volumensuszeptibilität:	5,4 · 10^{-5}	
Magnetismus:	Paramagnetisch	
Curie-Punkt ♦ Néel-Punkt (K):	Keine Angaben	
Einfangquerschnitt Neutronen (barns):	8,9	
Elektrische Leitfähigkeit([A / (V · m)], bei 300 K):	1,626 · 10^6	
Elastizitäts- ♦ Kompressions- ♦ Schermodul (GPa):	37 ♦ 28 ♦ 14	
Vickers-Härte ♦ Brinell-Härte (MPa):	491 ♦ 363	
Kristallsystem:	Hexagonal (> 310°C: Kubisch-flächenzentriert)	
Schallgeschwindigkeit (m / s, bei 293 K):	2475	
Dichte (g / cm^3, bei 298 K)	6,17	
Molares Volumen (m^3 / mol, bei 293 K):	22,39 · 10^{-6}	
Wärmeleitfähigkeit ([W / (m · K)]):	13	
Spezifische Wärme ([J / (mol · K)]):	27,11	
Schmelzpunkt (°C ♦ K):	920 ♦ 1193	
Schmelzwärme (kJ / mol):	6,2	
Siedepunkt (°C ♦ K):	3470 ♦ 3743	
Verdampfungswärme (kJ / mol):	400	

Gewinnung Das wichtigste Mineral zur Gewinnung von Lanthan ist Monazitsand, der ca. 10 Gew.-% an chemisch gebundenem Lanthan enthält. Nach dessen Aufschluss mit konzentrierter Schwefelsäure fällt man die so erhaltenen Sulfate der Seltenerdmetalle in der Kälte als Oxalate aus und wandelt diese dann durch Glühen in die jeweiligen Oxide um. Die Abtrennung des Lanthan-III-oxids erfolgt durch Ionenaustausch und Komplexbildung. Gereinigtes Lanthanoxid wird mit Fluorwasserstoff in Lanthanfluorid überführt. Bei hoher Temperatur setzt man dieses mit Calciummetall zu elementarem Lanthan und Calciumfluorid um. Die Abtrennung verbleibender Calciumreste und Verunreinigungen erfolgt in einer zusätzlichen Umschmelzung im Vakuum.

Eigenschaften Das silberweiß glänzende Metall ist leicht verformbar. Es existieren in Abhängigkeit von der Temperatur drei Modifikationen. Lanthan ist reaktionsfähig, sehr unedel und überzieht sich an der Luft schnell mit einer weißen Oxidschicht, die in feuchter Luft zum Hydroxid weiterreagiert.

Lanthan reagiert bereits bei Raumtemperatur mit Luftsauerstoff zu Lanthanoxid (La_2O_3), mit Wasser weiter zu Lanthanhydroxid [$La(OH)_3$]. Bei Temperaturen oberhalb von 440 °C verbrennt Lanthan an der Luft zu Lanthanoxid. Mit kaltem Wasser reagiert es langsam, mit warmem schnell unter Bildung von Wasserstoff und Lanthanhydroxid. Mit Halogenen reagiert es schon bei Raumtemperatur, ebenso leicht bildet Lanthan Chalkogenverbindungen.

Verbindungen In seinen Verbindungen tritt Lanthan fast nur in der Oxidationsstufe +3 auf. Lanthanoxid ist ein weißes Pulver, wirkt ätzend und reagiert wie Calciumoxid mit Wasser stark exotherm unter Bildung des alkalisch reagierenden Hydroxids. Lanthannitrat bildet farblose, leicht wasserlösliche Kristalle und kann aus verschiedenen Lanthansalzen durch Umsetzung mit Salpetersäure gewonnen werden.

Anwendungen Lanthan wird in Leuchtstoffen von Energiesparlampen und Leuchtstoffröhren ($LaPO_4$:Ce, Tb) sowie Sonnenbanklampen eingesetzt, ferner in Batterien von Hybrid- oder Elektrofahrzeugen, deren Akkumulatoren bis zu 15 kg Lanthan und 1 kg Neodym enthalten. Eine Lanthan-Nickel-Legierung ($LaNi_5$) dient als Wasserstoffspeicher in Nickel-Metallhydrid-Akkumulatoren, eine aus Lanthan und Kobalt als Permanentmagnet ($LaCo_5$). Als Zusatz verwendet man es in Kohlelichtbogenlampen zur Studiobeleuchtung. In Verbindung z. B. mit Kobalt, Eisen und Mangan dient es als Kathode für Hochtemperatur-Brennstoffzellen (SOFC). Legierungen mit Titan verwendet man in der Medizintechnik zur Herstellung korrosionsresistenter und sterilisierbarer Instrumente.

Lanthanoxid dient zur Herstellung von Gläsern mit relativ hohem Brechungs-index, der sich auch nur gering mit der Wellenlänge ändert; Einsatzgebiet sind Kameras, Teleskoplinsen und Brillengläser. Es wird zudem zur Produktion von Kristallglas und Porzellanglasuren benutzt, da es die bisher hierfür verwendeten, toxischen Bleiverbindungen bei gleichzeitig verbesserter chemischer Beständig-keit, vor allem gegenüber Alkalien („spülmaschinenfest") ersetzen kann. Lan-thanoxid ist ferner ein wichtiger Zusatz zu Zeolithen beim Cracking-Prozess zur Verarbeitung von Erdöl in Raffinerien, in Poliermitteln für Glas, in Glühkathoden für Elektronenröhren und in keramischen Kondensatormassen sowie silikatfreien Gläsern.

Lanthanfluorid wird als optisches Material, Beschichtung von Lampen oder (dotiert mit Europium) als Elektrodenmaterial zum Nachweis von Fluoridionen verwendet. Lanthan-III-chloridheptahydrat wird in der Medizin als Calciumkanal-blocker eingesetzt und kann in der Wasserwirtschaft zur Eindämmung von Algen-wachstum durch Bindung von Phosphaten verwendet werden.

Actinium

Symbol:	Ac	
Ordnungszahl:	89	
CAS-Nr.:	7440-34-8	
Aussehen:	Silbrig, blau leuchtend	
Farbe von Ac^{3+}aq.:	Farblos	
Entdecker, Jahr	Debierne (Frankreich), 1899	
Wichtige Isotope [natürliches Vorkommen (%)]	Halbwertszeit (a)	Zerfallsart, -produkt
$^{227}_{89}$Ac (100)	21,77	β- >$^{227}_{90}$Th, dann α> $^{223}_{88}$Ra
Vorkommen (geographisch, welches Erz):		Äußerst gering, als Begleiter von Uranerzen
Massenanteil in der Erdhülle (ppm):	-----	
Atommasse (u):	227,028	
Elektronegativität (Pauling)	1,1	
Normalpotential (V; Ac^{3+} +3 e⁻ -> Ac)	-2,13	
Atomradius (berechnet, pm):	195	
Kovalenter Radius (pm):	215	
Ionenradius (pm):	118	
Elektronenkonfiguration:	[Rn] $7s^2$ $6d^1$	
Ionisierungsenergie (kJ / mol), erste ♦ zweite:	499 ♦ 1170	
Magnetische Volumensuszeptibilität:	$1,4 \cdot 10^{-3}$	
Magnetismus:	Paramagnetisch	
Curie-Punkt ♦ Néel-Punkt (K):	Keine Angabe	
Einfangquerschnitt Neutronen (barns):	810	
Elektrische Leitfähigkeit ([A / (V · m), bei 300 K):	Keine Angabe	
Elastizitäts- ♦ Kompressions-♦ Schermodul (GPa):	Keine Angabe	
Vickers-Härte ♦ Brinell-Härte (MPa):	Keine Angabe	
Kristallsystem:	Kubisch-flächenzentriert	
Schallgeschwindigkeit (m / s, bei 293 K):	Keine Angabe	
Dichte (g / cm^3, bei 298 K)	10,03	
Molares Volumen (m^3 / mol, bei 293 K):	$22,55 \cdot 10^{-6}$	
Wärmeleitfähigkeit ([W / (m · K)]):	12	
Spezifische Wärme ([J / (mol · K)]):	27,2	
Schmelzpunkt (°C ♦ K):	1050 ♦ 1323	
Schmelzwärme (kJ / mol):	14	
Siedepunkt (°C ♦ K):	3300 ♦ 3573	
Verdampfungswärme (kJ / mol):	400	

Gewinnung Die natürlichen Vorkommen von Actinium in Uranerzen sind sehr gering und damit für die technische Gewinnung des Metalles bedeutungslos. Im technischen Maßstab stellt man das Isotop $^{227}_{89}Ac$ durch Bestrahlung von $^{226}_{88}Ra$ mit Neutronen in Kernreaktoren her (Morss et al. 2006).

Eigenschaften Das Metall ist silberglänzend und ziemlich weich. Es leuchtet wegen der starken von ihm emittierten radioaktiven Strahlung im Dunkeln mit hellblauem Licht. Actinium ist sehr reaktionsfähig und wird selbst von Luft und Wasser schnell angegriffen. An der Luft überzieht es sich mit einer dünnen Schicht von Actiniumoxid, die es vor weiterer Oxidation schützt.

Verbindungen Die meisten der wenigen überhaupt bekannten Verbindungen des Actiniums sind die Halogenide AcX_3 und Oxidhalogenide $AcOX$, außerdem das Oxid Ac_2O_3, das Sulfid Ac_2S_3 und das Phosphat $AcPO_4$. Das Oxid gewinnt man durch Erhitzen des Hydroxids bei 500 °C.

AcF_3 erhält man durch Umsetzung von Flusssäure mit actiniumhaltigen Lösungen als schwerlöslichen Niederschlag, wogegen $AcCl_3$ durch Reaktion von $Ac(OH)_3$ mit Tetrachlormethan zugänglich ist. Die Oxidhalogenide entstehen durch Reaktion der Trihalogenide mit feuchtem Ammoniak bei ca. 1000 °C.

Anwendungen Actinium wird als Neutronenquelle für die Neutronenaktivierungsanalyse eingesetzt, einer Methode, mit deren Hilfe u. a. radioaktive Zerfallsprodukte genauer untersucht werden können. Darüber hinaus verwendet man es zur thermoionischen Energieumwandlung in speziellen Generatoren. Jene emittieren Elektronen aus einer durch das Radionuklid erhitzten Glühkathode und haben Wirkungsgrade zwischen 10 und 20 %. Einsatzgebiet sind meist kleine in der Raumfahrt verwendete Kernreaktoren.

Cer

Symbol:	Ce	
Ordnungszahl:	58	
CAS-Nr.:	7440-45-1	
Aussehen:	Silbrig-weiß	Cer, Brocken [Metallium, Inc. 2015]
Farbe von Ce^{3+}aq.:	Farblos	
Entdecker, Jahr	Berzelius, Hisinger (Schweden) Klaproth (Preußen), 1803	
Wichtige Isotope [natürliches Vorkommen (%)]	Halbwertszeit (a)	Zerfallsart, -produkt
$^{138}_{58}$Ce (0,25)	Stabil	----
$^{140}_{58}$Ce (88,45)	Stabil	----
$^{142}_{58}$Ce (11,11)	$5 \cdot 10^{16}$	β- β- > $^{142}_{60}$Nd
Vorkommen (geographisch, welches Erz):	Kalifornien, Skandinavien, GUS-Staaten, Indien, Südafrika, Kongo	Bastnäsit, Monazit
Massenanteil in der Erdhülle (ppm):		43
Preis (US$), 99 % [Metallium, Inc.]	25 g (Brocken, unter Mineralöl)	40 (2014-12-04)
	22 g (Walze, Ø 1,2 cm, in Ampulle):	90 (2014-12-04)
Atommasse (u):		140,116
Elektronegativität (Pauling)		1,12
Normalpotential (V; Ce^{3+} + 3 e⁻ -> Ce)		-2,34
Atomradius (berechnet, pm):		185
Kovalenter Radius (pm):		204
Ionenradius (pm):		102
Elektronenkonfiguration:		[Xe] $6s^2$ $5d^1$ $4f^1$
Ionisierungsenergie (kJ / mol), erste ♦ zweite ♦ dritte:		534 ♦ 1050 ♦ 1949
Magnetische Volumensuszeptibilität:		$1,4 \cdot 10^{-3}$
Magnetismus:		Paramagnetisch
Curie-Punkt ♦ Néel-Punkt (K):		--- ♦ 12,5
Einfangquerschnitt Neutronen (barns):		0,73
Elektrische Leitfähigkeit([A / (V · m)], bei 300 K):		$1,35 \cdot 10^6$
Elastizitäts- ♦ Kompressions-♦ Schermodul (GPa):		33,6 ♦ 21,5 ♦ 13,5
Vickers-Härte ♦ Brinell-Härte (MPa):		270 ♦ 412
Kristallsystem:		Kubisch-flächenzentriert (bis 726°C)
Schallgeschwindigkeit (m / s, bei 293 K):		2100
Dichte (g / cm^3, bei 298 K)		6,77
Molares Volumen (m^3 / mol, bei 293 K):		$20,69 \cdot 10^{-6}$
Wärmeleitfähigkeit ([W / (m · K)]):		11,3
Spezifische Wärme ([J / (mol · K)]):		26,94
Schmelzpunkt (°C ♦ K):		795 ♦ 1068
Schmelzwärme (kJ / mol):		5,5
Siedepunkt (°C ♦ K):		3443 ♦ 3716
Verdampfungswärme (kJ / mol):		398

Gewinnung Aus gereinigtem Ceroxid gewinnt man durch Reaktion mit Chlorwasserstoff Cer-III-chlorid, aus dem durch Schmelzflusselektrolyse oder durch Reduktion mit Calcium oder Magnesium Cer erzeugt wird. Dieses Verfahren kann prinzipiell zur Gewinnung aller Seltenerdenmetalle eingesetzt werden.

Eigenschaften Das silbrigweiß glänzende Metall ist hinter Europium das zweitreaktivste Element der Lanthanoide und ähnelt in seiner Reaktionsfähigkeit den Erdalkalimetallen Calcium und Strontium. Verletzungen der schützenden gelben Oxidschicht können bei erhöhter Temperatur zur spontanen Entzündung des Metalls führen (Gray 2010). Oberhalb von 150 °C verbrennt Cer unter heftigem Glühen zu Cerdioxid. Mit Wasser reagiert es bei Raumtemperatur langsam, in warmem Wasser schnell unter Entwicklung von Wasserstoff zu Cerhydroxid. In Säuren wird es zu Salzen gelöst, und in Laugen löst sich Cer unter Bildung von Cerhydroxiden auf. Cer kommt in Verbindungen als dreiwertiges farbloses oder vierwertiges gelbes bis orangefarbiges Kation vor. Cer tritt in seinen Verbindungen in den Oxidationsstufen $+3$ und $+4$ auf.

Verbindungen Goldgelbes Cer-III-oxid (Ce_2O_3) wird aus Cer-IV-oxid durch Reduktion mit Kohlen- oder Wasserstoff bei über 1000 °C erzeugt. Feinverteiltes Cer-III-oxid geht bei langsamen Erwärmen schnell wieder in Cer-IV-oxid über. In Säuren ist die Verbindung leicht löslich. Cer-IV-oxid sendet wie alle Oxide der seltenen Erden beim Erhitzen ein starkes Licht aus. In reinster Form ist das Oxid cremefarben bis hellgelb und bildet sich durch Erhitzen von Cer-III-nitrat [$Ce(NO_3)_3$] oder Cer-III-oxalat. Cer-IV-oxid wird in Katalysatoren von Kraftfahrzeugen eingesetzt und fungiert bei Sauerstoffmangel als Oxidationsmittel und oxidiert Kohlenstoffmonoxid und überschüssige Kohlenwasserstoffe zu Kohlendioxid.

Cer-III-fluorid (CeF_3) erhält man durch Umsetzung von Cer-III-chlorid ($CeCl_3$) mittels Fluorwasserstoff und anschließendem Abrauchen des CeF_3 mit Ammoniumfluorid im Platintiegel, oder alternativ aus Cer-IV-oxid mit einem Überschuss an Flusssäure.

Cer-IV-sulfat ist besonders in sauren Lösungen ein starkes Oxidationsmittel. Aus verdünnter Salzsäure setzt es langsam Chlorgas frei. Mit starken Reduktionsmitteln reagiert es aber dagegen schneller.

Anwendungen Elementares Cer, legiert mit Magnesium, setzt man in der Luft- und Raumfahrt ein, wegen seines geringen Einfangquerschnitts für Neutronen in Kernreaktoren und schließlich als Bestandteil von Hochleistungselektroden zur Erzeugung von Lichtbögen.

Wichtiger sind die Verbindungen des Cers als Oxid, Nitrat, Sulfat, Carbonat, Chlorid und Fluorid. Sie verwendet man zum Einfärben von Emaille, als Zusatz zum Glas z. B. für UV-Filter (Emsley 2011), als Katalysatoren, für Bildröhren und als Gettersubstanzen. In der Glasindustrie wird Cer-IV-oxid als Poliermittel für optische Gläser eingesetzt, zum Ein- bzw. Entfärben von Glas und Porzellan und zum Eintrüben von Emaillen. Cerverbindungen enthaltende Gläser sind stabiler gegen Bestrahlung durch Sonnenlicht; sie lassen gut IR-Licht durch und absorbieren gleichzeitig UV-Licht.

Cerfluorid [CeF_3] setzt man ein bei der Verarbeitung von Metallen, als Bestandteil feuerfester Keramiken, in der Elektronikindustrie zum Sputtern, als Zusatzstoff in Graphit-Elektroden von Kohlebogenlampen zur Steigerung ihrer Helligkeit, zur Herstellung von Poliermitteln und Spezialgläsern. Insbesondere erhöht es die Korrosionsbeständigkeit von Aluminium (Reinhardt und Winkler 2000).

Es existieren viele weitere Einsatzfelder für Cer und seine Verbindungen, wie z. B. Röntgenfilter, in lichtempfindlichen Gläsern, in Schutzgläsern für Schweißer und Glasbläser, in Glasgefäßen für die Nahrungsmittelproduktion, in Gläsern hoher chemischer Widerstandsfähigkeit, in Keramikwerkstoffen für Kernreaktoren, in Isolatoren, in Kühlkolben im Inneren von Dampfmaschinen, in der Pyrotechnik, zur Herstellung von Zündsteinen aus Cermischmetall, zur Herstellung von Katalysatoren, bei der Bräunung von Leder, zum Bleichen von Seide und bei der Herstellung wasserresistenter Kleidung (Trovarelli 2002; Bleiwas 2003; U.S. Geological Survey; Gupta und Krishnamurthy 2004).

Praseodym

Symbol:	Pr		
Ordnungszahl:	59		
CAS-Nr.:	7440-10-0		
Aussehen:	Silbrig-gelblich	Praseodym, Brocken [Metallium, Inc. 2015]	Praseodym, Pulver [Sicius 2015]
Farbe von Pr^{3+}aq.:	Farblos		
Entdecker, Jahr	Auer von Welsbach (Österreich), 1885		
Wichtige Isotope [natürliches Vorkommen (%)]	Halbwertszeit (a)	Zerfallsart, -produkt	
$^{141}_{59}$Pr (100)	Stabil	----	
Vorkommen (geographisch, welches Erz):	China, Russland, Vereinigte Staaten von Amerika, Australien	Monazit, Xenotim, Bastnäsit	
Massenanteil in der Erdhülle (ppm):	5,2		
Preis (US$), 99 % [Metallium, Inc.]	50 g (Brocken, unter Mineralöl)	50 (2014-12-04)	
	22 g (Walze, Ø 1,2 cm, in Ampulle):	90 (2014-12-04)	
Atommasse (u):	140,91		
Elektronegativität (Pauling)	1,13		
Normalpotential (V; Pr^{3+} +3 e$^-$ -> Pr)	-2,35		
Atomradius (berechnet, pm):	185 (247)		
Kovalenter Radius (pm):	203		
Ionenradius (pm):	99		
Elektronenkonfiguration:	[Xe] $6s^2 4f^3$		
Ionisierungsenergie (kJ / mol), erste ♦ zweite ♦ dritte:	527 ♦ 1020 ♦ 2086		
Magnetische Volumensuszeptibilität:	$2,9 \cdot 10^{-3}$		
Magnetismus:	Paramagnetisch		
Curie-Punkt ♦ Néel-Punkt (K):	Keine Angabe		
Einfangquerschnitt Neutronen (barns):	11,4		
Elektrische Leitfähigkeit ([A / (V · m)], bei 300 K):	$1,43 \cdot 10^6$		
Elastizitäts- ♦ Kompressions- ♦ Schermodul (GPa):	37,3 ♦ 28,8 ♦ 14,8		
Vickers-Härte ♦ Brinell-Härte (MPa):	400 ♦ 481		
Kristallsystem:	Hexagonal (> 798°C: Kubisch-raumzentriert)		
Schallgeschwindigkeit (m / s, bei 293 K):	2100		
Dichte (g / cm^3, bei 298 K)	6,48		
Molares Volumen (m^3 / mol, bei 293 K):	$20,80 \cdot 10^{-6}$		
Wärmeleitfähigkeit ([W / (m · K)]):	12,5		
Spezifische Wärme ([J / (mol · K)]):	27,2		
Schmelzpunkt (°C ♦ K):	935 ♦ 1208		
Schmelzwärme (kJ / mol):	6,9		
Siedepunkt (°C ♦ K):	3130 ♦ 3403		
Verdampfungswärme (kJ / mol):	331		

Gewinnung Nach erfolgter Abtrennung von den anderen Lanthanoiden mittels Ionenaustausch-Chromatografie oder durch Flüssig-flüssig-Extraktion erzeugt man Praseodym durch Schmelzflusselektrolyse oder durch Umsetzung von Praseodymchlorid mit Calcium.

Eigenschaften Praseodym ist ein weiches, silberweißes paramagnetisches Metall, das zu den Seltenen Erden gehört. Es ist in Luft etwas korrosionsbeständiger als Europium, Lanthan oder Cer, reagiert aber auch schnell mit Luftsauerstoff, worauf sich eine grüne Oxidschicht ausbildet. Diese schützt das Metall nicht vor weiterer Oxidation, da sie an Luft abblättert. Bei erhöhter Temperatur verbrennt Praseodym direkt zum Sesquioxid (Pr_2O_3). Mit Wasser reagiert es unter Bildung von Wasserstoff zum Praseodymhydroxid [($Pr(OH)_3$)], in Säuren löst es sich leicht auf. Praseodym tritt in seinen Verbindungen mit den Oxidationszahlen $+3$ und $+4$ auf, wobei die dreiwertige Oxidationszahl die häufigere ist. Pr-III-ionen sind gelbgrün, Pr-IV-ionen farblos.

Verbindungen Praseodym-III-oxid kann wie auch Praseodym-IV-oxid (PrO_2) durch Reaktion von Praseodym mit Sauerstoff gewonnen werden. Praseodym-III-oxid ist ein gelbes Pulver, das unlöslich in Wasser ist. Praseodym-III-chlorid kann durch Reaktion von Praseodym mit Chlorwasserstoff gewonnen werden und ist ein hygroskopischer grün-blauer, als Heptahydrat ein grüner Feststoff.

Praseodym-III-sulfid kann durch Reaktion von Praseodym-III-oxid mit Schwefelwasserstoff gewonnen werden und ist in seiner γ-Modifikation ein grüner Feststoff.

Anwendungen Praseodym verwendet man zur Herstellung von sehr starken Magneten (IAMGOLD Corporation 2012) sowie in Legierungen mit Magnesium zur Herstellung von hochfestem Bauteilen von Flugzeugmotoren (Rokhlin 2003; Nair und Mittal 1988). Eine Praseodym-Nickel-Legierung ($PrNi_5$) besitzt einen derart starken magnetokalorischen Effekt, dass sie die Annäherung an den absoluten Nullpunkt bis auf ein Tausendstel Grad erlaubt (Emsley 2001).

Praseodymverbindungen verleihen Gläsern und Emaille eine gelbe bis grüne Farbe (Hammond 2006). Wird Fluoridglas mit Praseodymionen dotiert, so wirken diese als einphasiger optischer Verstärker (Zhang et al. 1995).

Eine Mischung von Praseodym- mit Cer- oder Zirkoniumoxid wirkt gut als Katalysator für Oxidationsreaktionen (Baumer et al. 2008).

Neodym

Symbol:	Nd	
Ordnungszahl:	60	
CAS-Nr.:	7440-00-8	
Aussehen:	Silbrig-weiß	Neodym, Brocken [Metallium, Inc. 2015] / Neodym und sein Oxid [Sicius 2015]
Farbe von Nd^{3+}aq.:	Farblos	
Entdecker, Jahr	Auer von Welsbach (Österreich), 1885	

Wichtige Isotope [natürliches Vorkommen (%)]	Halbwertszeit (a)	Zerfallsart, -produkt
$^{142}_{60}$Nd (27,13)	Stabil	----
$^{143}_{60}$Nd (12,18)	Stabil	----
$^{144}_{60}$Nd (23,8)	$2,3 \cdot 10^{15}$	$\alpha >^{140}_{58}$Ce
$^{146}_{60}$Nd (17,19)	Stabil	----

Vorkommen (geographisch, welches Erz):	Kalifornien, Skandinavien, GUS-Staaten, Indien, Südafrika	Monazit, Bastnäsit

Massenanteil in der Erdhülle (ppm):		22
Preis (US$), 99 % [Metallium, Inc.]	50 g (Brocken, unter Mineralöl)	45 (2014-12-04)
	22 g (Walze, Ø 1,2 cm, in Ampulle):	80 (2014-12-04)

Atommasse (u):	144,242
Elektronegativität (Pauling)	1,14
Normalpotential (V; $Nd^{3+} + 3\ e^- \rightarrow Nd$)	-2,32
Atomradius (berechnet, pm):	185 (206)
Kovalenter Radius (pm):	201
Ionenradius (pm):	98
Elektronenkonfiguration:	[Xe] $6s^2\ 4f^4$
Ionisierungsenergie (kJ / mol), erste ♦ zweite ♦ dritte:	533 ♦ 1040 ♦ 2130
Magnetische Volumensuszeptibilität:	$3,6 \cdot 10^{-3}$
Magnetismus:	Paramagnetisch
Curie-Punkt ♦ Néel-Punkt (K):	--- ♦ 19
Einfangquerschnitt Neutronen (barns):	49
Elektrische Leitfähigkeit ([A / (V · m)], bei 300 K):	$1,56 \cdot 10^6$
Elastizitäts- ♦ Kompressions- ♦ Schermodul (GPa):	41,4 ♦ 31,8 ♦ 16,3
Vickers-Härte ♦ Brinell-Härte (MPa):	343 ♦ 265
Kristallsystem:	Hexagonal
Schallgeschwindigkeit (m / s, bei 293 K):	2330
Dichte (g / cm^3, bei 298 K)	7
Molares Volumen (m^3 / mol, bei 293 K):	$20,59 \cdot 10^{-6}$
Wärmeleitfähigkeit ([W / (m · K)]):	16,5
Spezifische Wärme ([J / (mol · K)]):	27,45
Schmelzpunkt (°C ♦ K):	1024 ♦ 1297
Schmelzwärme (kJ / mol):	7,14
Siedepunkt (°C ♦ K):	3030 ♦ 3303
Verdampfungswärme (kJ / mol):	289

Gewinnung Gereinigtes Neodymoxid wird mit Fluorwasserstoff zu Neodym-III-fluorid umgesetzt, das danach bei hoher Temperatur mit Calcium zur Reaktion gebracht wird. Die Produkte sind Calciumfluorid und metallisches Neodym.

Eigenschaften Das silbrigweiß glänzende Metall ist an der Luft etwas korrosionsbeständiger als Europium, Lanthan, Cer oder sein Nachbarelement Praseodym, bildet aber durch Reaktion mit Luftsauerstoff leicht eine rosaviolette Oxidschicht auf seiner metallischen Oberfläche aus (Rare Earth Metals Long Time Exposure Test Retrieved 2009). Auch diese blättert wie die des Praseodyms leicht ab und leistet weiterer Oxidation des Metalls Vorschub. Bei hohen Temperaturen verbrennt Neodym zum Sesquioxid (Nd_2O_3). Es kristallisiert bei Raumtemperatur in hexagonaler Struktur, die sich oberhalb von 863 °C in eine kubisch-raumzentrierte umwandelt (Hammond 2000).

Das nebenstehende Foto zeigt Neodymmetall neben seinem rotviolettfarbenen Oxid.

Mit Wasser reagiert Neodym unter Bildung von Wasserstoff zu Neodymhydroxid. In Wasserstoffatmosphäre erhitzt, bildet es das Hydrid NdH_2. Neodym tritt in seinen Verbindungen hauptsächlich in der Oxidationsstufe + 3 auf, jedoch sind auch Werte von + 2 und + 4 möglich.

Verbindungen Neodym-III-oxid wird als Pigment für Keramiken und farbige bzw. optische Spezialgläser verwendet. Es erzeugt sehr warme violette bis weinrote und graue Töne. Es wird z. B. auch im Glas von Tageslichtglühlampen eingesetzt.

Neodym-III-chlorid ist ein rosafarbenes bis blassviolettes stark hygroskopisches Pulver, das an Luft schnell Feuchtigkeit aufnimmt und sich in das Hexahydrat umwandelt. Neodym-III-sulfat [$Nd_2(SO_4)_3$] bildet als Octahydrat violettrote Kristalle.

Anwendungen Legierungen aus Neodym, Eisen und Bor sind Basis sehr starker Magnete. Diese werden vielfach eingesetzt in Kernspintomographen, Mikromotoren, Festplatten von Computern und Großrechnern, Schritt- und Servomotoren, Synchronmotoren von Windkraftanlagen, Motoren von Elektro- und Hybridfahrzeugen sowie in hochwertigen HiFi-Produkten (Lautsprecher, Boxen, Kopfhörer). Gegenüber den ebenfalls stark magnetischen Legierungen aus Kobalt und Samarium zeigen sie eine noch stärkere Magnetisierung und sind dazu auch noch wesentlich preiswerter, aber auch wärmeempfindlicher.

Neodym ist bei höheren Temperaturen und in feinverteiltem Zustand pyrophor (selbstentzündlich), daher setzt man es zusammen mit Cer in Feuersteinen ein.

In Hochleistungslasern sowie in Neodym-YAG-Infrarotlasern findet es ebenfalls Einsatz (Norman et al. 2002).

Neodymverbindungen werden seit langem schon zum Färben von Emaille, Porzellan und Glas verwendet und verleihen diesen die charakteristische rotviolette bis weinrote Färbung. Derart dotierte Gläser benutzt man in der Astronomie wegen ihrer scharfen Lichtabsorption zur Kalibrierung von Gläsern. Neodymverbindungen filtern Komponenten des gelben Lichts und verleihen Glühlampenkolben die Eigenschaft, Licht auszustrahlen, das von der optischen Farbe her eher Sonnenlicht entspricht (Bray 2001).

Weitere Anwendungen von Neodymverbindungen sind das Entfärben eisenhaltigen Glases, in tönenden Materialien für Sonnenschutzgläser, in Dielektrika von Kondensatoren (Bariumtitanat mit Anteilen von Neodymoxid), als Katalysator zur Produktion von Polybutadienkautschuk für Hochleistungsreifen.

Promethium

Symbol:	Pm		
Ordnungszahl:	61		
CAS-Nr.:	7440-12-2		
Aussehen:	Metallisch		
Farbe von Pm^{3+}aq.:	Rotviolett		
Entdecker, Jahr	Marinsky, Glendenin, Corvell (USA), 1945		
Wichtige Isotope [natürliches Vorkommen (%)]	Halbwertszeit (a)		Zerfallsart, -produkt
$^{145}_{61}$Pm (synthetisch)	17,7		$\varepsilon > {}^{145}_{60}$Nd ♦ $\alpha > {}^{141}_{59}$Pr
$^{146}_{61}$Pm (synthetisch)	5,5		$\varepsilon > {}^{146}_{60}$Nd ♦ $\beta^- > {}^{146}_{62}$Sm
$^{147}_{61}$Pm (synthetisch)	2,6		$\beta^- > {}^{147}_{62}$Sm
Massenanteil in der Erdhülle (ppm):	----		
Atommasse (u):	146,915		
Elektronegativität (Pauling)	1,12		
Normalpotential (V; Pm^{3+} + 3 e$^-$ -> Pm)	-2,42		
Atomradius (berechnet, pm):	185 (205)		
Kovalenter Radius (pm):	199		
Ionenradius (pm):	97		
Elektronenkonfiguration:	[Xe] $6s^2$ $4f^5$		
Ionisierungsenergie (kJ / mol), erste ♦ zweite ♦ dritte:	540 ♦ 1050 ♦ 2150		
Magnetische Volumensuszeptibilität:	$1,4 \cdot 10^{-3}$		
Magnetismus:	Paramagnetisch		
Curie-Punkt ♦ Néel-Punkt (K):	Keine Angabe		
Einfangquerschnitt Neutronen (barns):	Keine Angabe		
Elektrische Leitfähigkeit ([A / (V · m)], bei 300 K):	$1,33 \cdot 10^6$		
Elastizitäts- ♦ Kompressions-♦ Schermodul (GPa):	46 ♦ 33 ♦ 18		
Vickers-Härte ♦ BrinelHärte (MPa):	Keine Angabe		
Kristallsystem:	Hexagonal (> 890°C: Kubisch-raumzentriert)		
Schallgeschwindigkeit (m / s, bei 293 K):	2860		
Dichte (g / cm^3, bei 298 K)	7,2		
Molares Volumen (m^3 / mol, bei 293 K):	$20,10 \cdot 10^{-6}$		
Wärmeleitfähigkeit ([W / (m · K)]):	17,9		
Spezifische Wärme ([J / (mol · K)]):	26,1 (berechnet)		
Schmelzpunkt (°C ♦ K):	1080 ♦ 1353		
Schmelzwärme (kJ / mol):	7,7		
Siedepunkt (°C ♦ K):	3000 ♦ 3273		
Verdampfungswärme (kJ / mol):	290		

Gewinnung Zur Herstellung des Isotops $^{147}_{61}$Pm wird $^{235}_{92}$U-angereichertes Uran mit thermischen Neutronen bombardiert. $^{147}_{61}$Pm wird als einziges Isotop des Promethiums in -sehr wenigen- Einsatzgebieten verwendet, obwohl es nicht das langlebigste ist. Es wird als Oxid oder Chlorid eingesetzt.

Ein weiterer Weg zur Herstellung von $^{147}_{61}$Pm läuft über $^{147}_{60}$Nd, das mit kurzer Halbwertszeit zu $^{147}_{61}$Pm zerfällt. Dieses Neodymisotop ist beispielsweise durch Bombardieren angereicherten $^{146}_{60}$Nd mit thermischen Neutronen erhältlich (Radhakrishnan et al. 2010).

Eigenschaften Promethium ist ein silberweißes duktiles Schwermetall. Es besitzt einen Schmelzpunkt von 1080 °C; für den Siedepunkt reichen die geschätzten Werte von 2727 bis 3000 °C. Das Metall wird an der Luft schnell oxidiert und reagiert bereits unter Standardbedingungen langsam mit Wasser. Promethium kommt in seinen Verbindungen ausschließlich in der Oxidationsstufe + 3 vor. Das stabilste Isotop ist $^{145}_{61}$Pm mit einer spezifischen Radioaktivität von 940 Ci (35 TBq)/g und einer Halbwertszeit des Zerfalls von 17,7 Jahren unter Entstehung von $^{145}_{60}$Nd (Audi et al. 2003; Hammond 2011).

Verbindungen Die Lösungen von Pm^{3+} haben eine violettrosa Farbe. Beschrieben sind unter anderem ein schwerlösliches Fluorid, Oxalat und Carbonat. Promethium-III-oxid (Pm_2O_3) mit einem Schmelzpunkt von 2130 °C tritt in drei verschiedenen Modifikationen auf: einer hexagonalen (violettbraun), einer monoklinen (violettrosa) und einer kubischen (korallenrot).

Kristallines wasserfreies Promethium-III-fluorid ist violettrosafarben und weist einen Schmelzpunkt von 1338 °C auf. Dagegen schmilzt das violette Promethium-III-chlorid ($PmCl_3$) deutlich tiefer, bei 655 °C.

Anwendungen Promethium wird meist nur für Forschungszwecke eingesetzt, mit Ausnahme des Isotops $^{147}_{61}$Pm, dessen radioaktive Strahlung eine nur geringe Eindringtiefe hat. $^{147}_{61}$Pm ist in lumineszierenden Farben von Signallampen enthalten, deren Phosphore ein durch die Strahlung dieses Isotops induziertes Licht ausstrahlen. Es wird hier aus Sicherheitsgründen gegenüber $^{226}_{88}$Ra und $^{3}_{1}$H bevorzugt (Hammond 2011).

In Atombatterien wird die von $^{147}_{61}$Pm emittierte β-Strahlung in elektrischen Strom umgewandelt. Die Promethiumquelle befindet sich dabei zwischen zwei Halbleiterplatten. Die Batterie hat eine Lebensdauer von einigen Jahren (Elleman 1964). Promethium setzt man auch zur Messung der Dicke von Werkstoffen ein, wobei der Betrag der Strahlung gemessen wird, der die Probe durchdringt. Zukünftige Einsatzgebiete könnten in tragbaren Röntgenquellen oder in Hilfsaggregaten für die Raumfahrt liegen.

Samarium

Symbol:	Sm		
Ordnungszahl:	62		
CAS-Nr.:	7440-19-9		
Aussehen:	Silbrig-weiß	Samarium, Brocken [Metallium, Inc. 2015]	Samariumoxid [Sicius 2015]
Farbe von Sm^{3+}aq.:	Gelblich		
Entdecker, Jahr	Marignac (Schweiz), 1862		
Wichtige Isotope [natürliches Vorkommen (%)]	Halbwertszeit (a)	Zerfallsart, -produkt	
$^{144}_{62}$Sm (3,07)	Stabil	----	
$^{147}_{62}$Sm (14,99)	$1,1 \cdot 10^{11}$	$\alpha >^{143}_{60}$Nd	
$^{152}_{62}$Sm (26,75)	Stabil	----	
$^{154}_{62}$Sm (22,75)	Stabil	----	
Vorkommen (geographisch, welches Erz):	China, USA, Brasilien, Indien, Sri Lanka, Australien	Monazit, Bastnäsit	
Massenanteil in der Erdhülle (ppm):	6		
Preis (US$), 99 % [Metallium, Inc.]	40 g (Brocken)	35 (2014-12-04)	
	24 g (Walze, Ø 1,2 cm, in Ampulle):	80 (2014-12-04)	
Atommasse (u):	150,36		
Elektronegativität (Pauling)	1,17		
Normalpotential (V; Sm^{3+} + 3 e$^-$ -> Sm)	-2,3		
Atomradius (berechnet, pm):	185 (238)		
Kovalenter Radius (pm):	198		
Ionenradius (pm):	96		
Elektronenkonfiguration:	[Xe] $6s^2\ 4f^6$		
Ionisierungsenergie (kJ / mol), erste ♦ zweite ♦ dritte:	1. 545 ♦ 1070 ♦ 2260		
Magnetische Volumensuszeptibilität:	$1,2 \cdot 10^{-3}$		
Magnetismus:	Paramagnetisch		
Curie-Punkt ♦ Néel-Punkt (K):	--- ♦ 15		
Einfangquerschnitt Neutronen (barns):	900		
Elektrische Leitfähigkeit ([A / (V · m)], bei 300 K):	$1,06 \cdot 10^6$		
Elastizitäts- ♦ Kompressions-♦ Schermodul (GPa):	48,7 ♦ 37,8 ♦ 19,5		
Vickers-Härte ♦ Brinell-Härte (MPa):	412 ♦ 441		
Kristallsystem:	Trigonal (> 731°C: Hexagonal)		
Schallgeschwindigkeit (m / s, bei 293 K):	2130		
Dichte (g / cm³, bei 298 K)	7,54		
Molares Volumen (m³ / mol, bei 293 K):	$19,98 \cdot 10^{-6}$		
Wärmeleitfähigkeit ([W / (m · K)]):	13		
Spezifische Wärme ([J / (mol · K)]):	29,54		
Schmelzpunkt (°C ♦ K):	1072 ♦ 1345		
Schmelzwärme (kJ / mol):	8,6		
Siedepunkt (°C ♦ K):	1900 ♦ 2173		
Verdampfungswärme (kJ / mol):	192		

Gewinnung Monazit oder Bastnäsit werden durch Aufschluss und daran anschließende Trennverfahren in Fraktionen reiner einzelner Seltenerdmetallsalze aufgespalten. Aus der reines gelöstes Samarium enthaltenden Fraktion erzeugt man sehr reines Samariumoxid. Dieses setzt man mit Lanthanmetall um, wobei das bei der Reaktion gebildete Samarium wegen seines bei diesen Temperaturen hohen Dampfdrucks absublimiert.

Eigenschaften In Luft ist Samarium halbwegs beständig, da sich auf frisch geschnittenen Metallflächen eine passivierende, gelbliche Oxidschicht ausbildet. Metallisch glänzendes Samarium entzündet sich oberhalb einer Temperatur von 150 °C. Mit Sauerstoff reagiert es, wie die meisten anderen Seltenerdmetalle, zum Sesquioxid (Sm_2O_3). Mit Wasser reagiert es schnell unter Bildung von Wasserstoff und Samariumhydroxid, auch von Säuren wird es schnell angegriffen. Die beständigste Oxidationsstufe ist, wie bei fast allen Lanthanoiden +3, jedoch tritt es auch als stark reduzierend wirkendes Sm^{2+}-Kation auf. Sm^{3+}-Kationen färben wässrige Lösungen gelb. Mit Halogenen reagiert es direkt zu den jeweiligen Trihalogeniden, die oberhalb von einer Temperatur von 700 °C mit Samarium, Lithium oder Natrium zu den Dihalogeniden reduziert werden können (Meyer und Schleid 1986).

Beim Abkühlen auf eine Temperatur von 14,6 K wird Samarium antiferromagnetisch (Lock 1957; Haire et al. 1983). Einzelne Samariumatome können in einer festen Fullerenmatrix eingeschlossen werden, worauf Samarium unterhalb einer Temperatur von 8 K supraleitfähig wird (Chen und Roth 1995).

Verbindungen Samarium-III-oxid kann durch Verbrennung von Samarium an Luft gewonnen werden, ist aber auch durch thermische Zersetzung von Samariumoxalat oder -carbonat bei etwa 700 °C zugänglich. Der geruchlose gelbliche Feststoff ist unlöslich in Wasser.

Samarium-III-fluorid entsteht durch Umsetzung von Samarium-III-oxid mit Fluorwasserstoff. Das Octahydrat von Samarium-III-sulfat [$Sm_2(SO_4)_3$)] tritt in Format gelber Kristalle auf und entsteht durch Auflösen von Samariumoxid oder metallischem Samarium in Schwefelsäure.

Anwendungen Samarium besitzt einen sehr hohen Einfangquerschnitt für Neutronen. Daher setzt man das Metall als Neutronen-Absorber in nuklearen Anwendungen ein. In Kernreaktoren entsteht unter anderem $^{149}_{62}Sm$ als Spaltprodukt und ist folglich ein zwangsläufig entstehender Hemmer einzelner Kernreaktionen.

Samariummetall wird auch in Kohle-Lichtbogenlampen eingesetzt sowie in Calciumfluorid-Einkristallen für Maser und Laser.

Samarium-Kobalt-Permanentmagnete der Zusammensetzung $SmCo_5$ zeigen eine Koerzitivfeldstärke von bis über 2000 kA/m und sind sehr stabil gegenüber Entmagnetisierung. Noch wirksamer ist die Legierung der Formel Sm_2Co_{17}. Diese Hochleistungsmagnete setzt man in diversen Elektromotoren ein (Schrittmotoren für Quarzuhren, Antriebsmotoren in Walkmen oder Diktiergeräten), Kopfhörern, Sensoren, Kupplungen in Rührwerken und Festplattenlaufwerken.

Das hellgelbe Samariumoxid setzt man optischem Glas zur Absorption von Infrarotlicht zu.

Die anderen, ebenfalls meist gelben Samariumverbindungen kann man, wie die der anderen Seltenerdmetalle auch, zur Sensibilisierung von Leuchtphosphoren verwenden, wenn diese mit Infrarotlicht bestrahlt werden.

Samariumoxid katalysiert zudem die Hydrierung und Dehydrierung von Ethanol (Alkohol).

In der Medizin wird das Isotop $^{153}_{62}Sm$ zusammen mit einem Bisphosphonat zum Töten von Krebszellen in Knochen eingesetzt, in Verbindung mit Ethylendiamintetra(methylenphosphonsäure) (EDTMP) in der Nuklearmedizin zur palliativen Therapie von Knochen- und Skelettmetastasen (Shelley et al. 2005).

Für sehr spezielle organische Synthesen benutzt man Samarium-II-verbindungen als Reduktionsmittel, z. B. für Pinakol-Kupplungen.

Europium

Symbol:	Eu		
Ordnungszahl:	63		
CAS-Nr.:	7440-53-1		
Aussehen:	Silbrig-weiß	Europium, Brocken [Metallium, Inc. 2015]	Europium, Granalien [Sicius 2015]
Farbe von Eu^{3+}aq.:	Farblos		
Entdecker, Jahr	Demarçay (Frankreich), 1901		
Wichtige Isotope [natürliches Vorkommen (%)]	Halbwertszeit (a)	Zerfallsart, -produkt	
$^{151}_{63}Eu$ (47,8)	$1,7 \cdot 10^{18}$	$\alpha >^{147}_{61}Pm$	
$^{153}_{63}Eu$ (52,2)	Stabil	----	
Vorkommen (geographisch, welches Erz):	China (Bayan-Obo-Mine), USA, Russland		
Massenanteil in der Erdhülle (ppm):	0,1		
Preis (US$), 99 % [Metallium, Inc.]	25 g (Brocken, unter Mineralöl)	195 (2014-12-04)	
	17 g (Walze, Ø 1,2 cm, in Ampulle):	195 (2014-12-04)	
Atommasse (u):	151,964		
Elektronegativität (Pauling)	1,2		
Normalpotential (V; Eu^{3+} + 3 e⁻ -> Eu)	-1,99		
Atomradius (berechnet, pm):	185 (231)		
Kovalenter Radius (pm):	198		
Ionenradius (pm):	95		
Elektronenkonfiguration:	$[Xe]\ 6s^2\ 4f^7$		
Ionisierungsenergie (kJ / mol), erste ♦ zweite ♦ dritte:	547 ♦ 1085 ♦ 2404		
Magnetische Volumensuszeptibilität:	0,013		
Magnetismus:	Paramagnetisch		
Curie-Punkt ♦ Néel-Punkt (K):	--- ♦ 91		
Einfangquerschnitt Neutronen (barns):	4.100		
Elektrische Leitfähigkeit ([A / (V · m)], bei 300 K):	$1,11 \cdot 10^6$		
Elastizitäts- ♦ Kompressions- ♦ Schermodul (GPa):	18,2 ♦ 8,3 ♦ 7,9		
Vickers-Härte ♦ Brinell-Härte (MPa):	167 ♦ ---		
Kristallsystem:	Kubisch-flächenzentriert		
Schallgeschwindigkeit (m / s, bei 293 K):	1900		
Dichte (g / cm³, bei 298 K)	5,245		
Molares Volumen (m³ / mol, bei 293 K):	$28,97 \cdot 10^{-6}$		
Wärmeleitfähigkeit ([W / (m · K)]):	13,9		
Spezifische Wärme ([J / (mol · K)]):	27,66		
Schmelzpunkt (°C ♦ K):	826 ♦ 1099		
Schmelzwärme (kJ / mol):	9,2		
Siedepunkt (°C ♦ K):	1529 ♦ 1802		
Verdampfungswärme (kJ / mol):	176		

Gewinnung Europium gewinnt man durch Schmelzflusselektrolyse einer Mischung aus Europium-III-chlorid und Natriumchlorid mit Graphitelektroden. Dabei wird bei Bastnäsit als Ausgangsmaterial zunächst das Cer in Form von Cer-IV-oxid abgetrennt und die verbleibenden Seltenen Erden in Salzsäure gelöst. Daraufhin trennt man mit Hilfe einer Mischung von DEHPA [Di(2-ethylhexyl) phosphorsäure] und Kerosin in Flüssig-Flüssig-Extraktion Europium, Gadolinium und Samarium von den restlichen Seltenerdmetallen. Die Trennung dieser drei Elemente erfolgt über die Reduktion des Europiums zu Eu^{2+} und Fällung als schwerlösliches Europium-II-sulfat, während die anderen Ionen in Lösung bleiben (McGill 2012).

Metallisches Europium kann durch Reaktion von Europium-III-oxid mit Lanthan oder Mischmetall gewonnen werden. Wird diese Reaktion im Vakuum durchgeführt, destilliert Europium ab und kann so von anderen Metallen und Verunreinigungen getrennt werden.

Eigenschaften Europium ist, wie alle anderen Lanthanoide, ein silberglänzendes duktiles Schwermetall. Es besitzt mit 5,245 g/cm^3 eine ungewöhnlich niedrige Dichte, die wesentlich geringer als diejenige der im Periodensystem benachbarten Elemente Samarium oder Gadolinium und ebenfalls geringer als die des Lanthans ist. Ähnliches gilt auch für den relativ niedrigen Schmelzpunkt von 826 °C und den Siedepunkt von 1527 °C (Gadolinium: Schmelzpunkt 1312 °C, Siedepunkt 3250 °C). Diese Werte stehen aus der Gleichmäßigkeit der ansonsten vorliegenden Lanthanoidenkontraktion heraus.

Ursache hierfür ist die Elektronenkonfiguration [Xe] $4f^7$ $6s^2$ des Europiums. Durch die halb gefüllte f-Schale bewirken nur die zwei 6 s-Valenzelektronen für die metallische Bindung zur Verfügung. Resultat sind geringere Bindungskräfte und ein deutlich größerer Metallatomradius. Vergleichbares ist auch bei Ytterbium zu beobachten (Holleman et al. 1944).

Europium kristallisiert unter Normalbedingungen kubisch-raumzentriert (Barrett 1956). Ab Drücken von 80 GPa und unterhalb einer Temperatur von 1,8 K wird es supraleitend (Shimizu et al. 2009), da sich dann auch die Struktur des Kristallgitters deutlich ändert.

Europium ist ein unedles Metall und reagiert schnell mit den meisten Nichtmetallen. Es ist das reaktivste der Lanthanoide und setzt sich zügig mit Sauerstoff um. Wird es auf ca. 180 °C erhitzt, entzündet es sich an der Luft spontan und verbrennt zu Europium-III-oxid (Emsley 2001).

Auch mit den Halogenen Fluor, Chlor, Brom und Jod reagiert Europium zu den Trihalogeniden. Europium löst sich in Wasser langsam, in warmem Wasser sowie in Säuren schnell unter Bildung von Wasserstoff und des farblosen Eu^{3+}-Ions. Das ebenfalls farblose Eu^{2+}-Ion lässt sich durch elektrolytische Reduktion an Kathoden in wässriger Lösung gewinnen. In der Gruppe der Seltenerdmetalle ist es ist das einzige Kation der Oxidationsstufe $+2$, das in wässriger Lösung stabil gegenüber der Oxidation zu Ln^{3+} ist.

Verbindungen Das farblose Europium-III-oxid (Eu_2O_3) ist technisch wichtig, Aus ihm sind andere Europiumverbindungen herstellbar. Die Trihalogenide des Europiums (EuX_3) zersetzen sich beim Erhitzen zu den stabilen Dihalogeniden und elementarem Halogen.

Europium-II-oxid ist das einzige stabile Lanthanoiden-II-oxid, ein violett-schwarzer Feststoff mit einem Curie-Punkt von 70 K (McGill 2012).

Anwendungen Europium und seine Verbindungen, vor allem Europium-III-oxid, setzt man hauptsächlich als Dotierungsmittel zur Produktion fluores-zierender Stoffe ein, oft in Bildschirmen für Kathodenstrahlröhren. In diesen Leuchtstoffen sind Verbindungen des zwei- und dreiwertigem Europiums ent-halten. In roten Leuchtstoffen ist meist mit Europium dotiertes Yttriumoxid (Y_2O_3) verarbeitet, Eu^{2+} ist der blaue Leuchtstoff in Matrices aus Strontium-chlorophosphat [$Sr_5(PO_4)_3Cl$] oder Bariummagnesiumaluminat ($BaMgAl_{11}O_{17}$, BAM) (Hänninen und Härmä 2011). In Plasmabildschirmen wandelt Eu^{2+}/Eu^{3+} die vom Edelgas-Plasma ausgesandte UV-Strahlung in sichtbares Licht um.

Zur Herstellung von Quecksilberhochdrucklampen bringt man europiumdotier-tes Yttriumvanadat auf das Glas auf, um das Licht möglichst natürlich erscheinen zu lassen (Enghag 2008).

Diese von Europiumionen verursachte Fluoreszenz dient auch zur Prüfung von Euro-Banknoten auf Echtheit. Sie kann auch in der Fluoreszenzspektroskopie aus-genutzt werden. Komplexe des Europiums reagieren an der gewünschten Stelle mit bestimmten Proteinen. Werden diese Addukte mit UV-Licht bestrahlt, emittieren sie Fluoreszenzlicht (Rost 1995).

Europium ist in Russland und den GUS-Staaten wegen seines hohen Einfang-querschnitts für Neutronen bereits seit langem Bestandteil von Steuerstäben für Kernreaktoren (Dorofeev et al. 2002).

Gadolinium

Symbol:	Gd		
Ordnungszahl:	64		
CAS-Nr.:	7440-54-2		
Aussehen:	Silbrig-weiß	Gadolinium, Brocken [Metallium, Inc. 2015]	Gadolinium, Pulver [Sicius 2015]
Farbe von Gd^{3+}aq.:	Farblos		
Entdecker, Jahr	Marignac (Schweiz), 1880		
Wichtige Isotope [natürliches Vorkommen (%)]	Halbwertszeit (a)	Zerfallsart, -produkt	
$^{155}_{64}$Gd (14,8)	Stabil	----	
$^{156}_{64}$Gd (20,5)	Stabil	----	
$^{157}_{64}$Gd (15,65)	Stabil	----	
$^{158}_{64}$Gd (24,85)	Stabil	----	
Vorkommen (geographisch, welches Erz):	China, Malaysia, Skandinavien	Monazit, Bastnäsit	
Massenanteil in der Erdhülle (ppm):	5,9		
Preis (US$), 99 % [Metallium, Inc.]	50 g (Brocken)	38 (2014-12-04)	
	25 g (Walze, Ø 1,2 cm, in Ampulle):	58 (2014-12-04)	
Atommasse (u):	157,52		
Elektronegativität (Pauling)	1,2		
Normalpotential (V; Gd^{3+} + 3 e⁻ -> Gd)	-2,4		
Atomradius (berechnet, pm):	188 (233)		
Kovalenter Radius (pm):	196		
Ionenradius (pm):	94		
Elektronenkonfiguration:	[Xe] $6s^2$ $5d^1$ $4f^7$		
Ionisierungsenergie (kJ / mol), erste ♦ zweite ♦ dritte:	593 ♦ 1170 ♦ 1990		
Magnetische Volumensuszeptibilität:	keine Angabe		
Magnetismus:	Ferromagnetisch		
Curie-Punkt ♦ Néel-Punkt (K):	292,5 ♦ ---		
Einfangquerschnitt Neutronen (barns):	49.000		
Elektrische Leitfähigkeit ([A / (V · m)], bei 300 K):	0,76 · 10^6		
Elastizitäts- ♦ Kompressions- ♦ Schermodul (GPa):	54,8 ♦ 37,9 ♦ 21,8		
Vickers-Härte ♦ Brinell-Härte (MPa):	570 ♦ ---		
Kristallsystem:	Hexagonal (> 1262°C: Kubisch-raumzentriert)		
Schallgeschwindigkeit (m / s, bei 293 K):	2680		
Dichte (g / cm^3, bei 298 K):	7,89		
Molares Volumen (m^3 / mol, bei 293 K):	19,90 · 10^{-6}		
Wärmeleitfähigkeit ([W / (m · K)]):	10,6		
Spezifische Wärme ([J / (mol · K)]):	37,03		
Schmelzpunkt (°C ♦ K):	1312 ♦ 1585		
Schmelzwärme (kJ / mol):	10		
Siedepunkt (°C ♦ K):	3000 ♦ 3273		
Verdampfungswärme (kJ / mol):	301		

Gewinnung Prinzipiell setzt man, wie für die meisten anderen Seltenerdmetalle auch, neben Ionenaustausch vor allem die Flüssig-Flüssig-Extraktion ein. Als Ausgangsmaterial im Falle des Gadoliniums dient meist Bastnäsit, der aufgeschlossen und gelöst wird. Zuerst trennt man Cer als Cer-IV-oxid ab und nimmt das Filtrat in Salzsäure auf, das darauf mit einer Mischung von D2EHPA [Bis (2-ethylhexyl) phosphorsäure] und Kerosin in einem Mixer-Settler behandelt wird. Die Lanthanoiden ab einer Ordnungszahl von 63 und aufwärts (Europium, Gadolinium, Samarium, schwerere Seltenerdmetalle) gehen dabei in die organische Phase über. Europium ist durch Reduktion zu Eu^{2+} leicht zu separieren; man kann es dann als schwerlösliches Europium-II-sulfat ausfällen und abfiltrieren. Die Flüssig-flüssig-Extraktion wird danach erneut eingesetzt, bis Gadolinium in hoher Reinheit von den anderen Ionen getrennt ist (McGill 2012; Brown und Sherrington 1979).

Die Gewinnung elementaren Gadoliniums ist durch Reaktion von Gadolinium-III-fluorid mit Calcium möglich (Trombe 1935):

$$2 \, GdF_3 + 3 \, Ca \rightarrow 2 \, Gd + 3 \, CaF_2$$

Eigenschaften Das silbrigweiß bis grauweiß glänzende Gadolinium ist duktil und schmiedbar. Es ist neben Dysprosium, Holmium, Erbium, Terbium und Thulium eines der Lanthanoide, das Ferromagnetismus besitzt (Urbain et al. 1935). Mit einer Curie-Temperatur von 292,5 K (19,3 °C) besitzt es die höchste Curie-Temperatur aller Lanthanoide, nur Eisen, Kobalt und Nickel weisen höhere auf (Rau und Eichner 1986). Gadolinium hat mit 49.000 barn wegen des in ihm mit ca. 15 % enthaltenen Isotops $^{157}_{64}$Gd mit 254.000 barn den höchsten Einfangquerschnitt für thermische Neutronen aller bekannten stabilen Elemente.

In trockener Luft ist Gadolinium relativ beständig, in feuchter Luft bildet es eine nichtschützende, lose anhaftende und abblätternde Oxidschicht aus. Mit Wasser reagiert es langsam unter Entwicklung von Wasserstoff. In verdünnten Säuren löst es sich auf.

Verbindungen Gadoliniumoxid (Gd_2O_3) ist ein geruchloser, weißer, in Wasser unlöslicher Feststoff. Gadolinium-III-fluorid kann durch Reaktion von Gadolinium-III-oxid mit Fluorwasserstoff gewonnen werden; es ist ein weißer Feststoff, der ebenfalls unlöslich in Wasser ist. Gadolinium-III-chlorid ist eine farblose, hygroskopische, wasserlösliche Verbindung.

Anwendungen Gadolinium verwendet man zur Produktion von Gadolinium-Yttrium-Granat in Mikrowellengeräten. Oxysulfide des Elements setzt man zur Herstellung von grünem Leuchtstoff für nachleuchtende Bildschirme (Radar) ein. Gadolinium-Gallium-Granat verwendet man zur Produktion von wiederbeschreibbaren Compact Discs.

Zusätze von nur 1 % Gadolinium erhöhen die Bearbeitbarkeit und die Hochtemperatur- und Oxidationsbeständigkeit von Eisen- und Chromlegierungen. Bestimmte Legierungen aus Gadolinium, Eisen und Kobalt werden zur optomagnetischen Datenspeicherung eingesetzt. Das Metall könnte wegen seines nahe 20 °C liegenden Curie-Punktes in Kühlgeräten, die nach dem Prinzip der adiabatischen Magnetisierung funktionieren, Verwendung finden. In solchen Kühlgeräten würden keine toxischen und die Ozonschicht abbauenden Fluorchlorkohlenwasserstoffe (FCKW) verwendet werden müssen.

Gadoliniumoxid fungiert in modernen Brennelementen als abbrennbarer Absorber, das nach einem Wechsel der Brennelemente zu Beginn des Betriebszyklus die durch überschussigen Kernbrennstoff bedingte hohe Reaktivität des Reaktors begrenzt (Johannesson und Johansson 1995).

Verbindungen des Gadoliniums finden auch Verwendung in der medizinischen Diagnostik. Lösungen von Gadopentetat-Dimeglumin, in denen Gd^{3+} an starke Komplexbildner gebunden ist, dienen, intravenös injiziert, als Kontrastmittel für kernspintomografische Untersuchungen. Die stark paramagnetischen Gd^{3+}-Ionen verursachen schnellere Spin-Spin-Relaxationen der Protonen des im umliegenden Körpergewebe enthaltenden Wassers und führen zu einer wesentlich schärferen Auflösung der Resonanzsignale und damit der MRT-Aufnahme.

Terbium

Symbol:	Tb	
Ordnungszahl:	65	
CAS-Nr.:	7440-27-9	
Aussehen:	Silbrig-weiß	Terbium, Brocken [Metallium, Inc. 2015]
Farbe von Tb^{3+}aq.:	Farblos	
Entdecker, Jahr	Mosander (Schweden), 1843	
Wichtige Isotope [natürliches Vorkommen (%)]	Halbwertszeit (a)	Zerfallsart, -produkt
$^{159}_{65}$Tb (100)	Stabil	----
Vorkommen (geographisch, welches Erz):	Westaustralien, Südafrika, Brasilien, Indien, Malawi, Türkei, USA	Monazit
Massenanteil in der Erdhülle (ppm):		0,85
Preis (US$), 99 % [Metallium, Inc.]	20 g (Brocken)	135 (2014-12-04)
	26 g (Walze, Ø 1,2 cm, in Ampulle):	175 (2014-12-04)
Atommasse (u):		158,925
Elektronegativität (Pauling)		1,2
Normalpotential (V; Tb^{3+} + 3 e⁻ -> Tb)		-2,39
Atomradius (berechnet, pm):		175 (225)
Kovalenter Radius (pm):		194
Ionenradius (pm):		92
Elektronenkonfiguration:		[Xe] $6s^2$ $4f^9$
Ionisierungsenergie (kJ / mol), erste ♦ zweite ♦ dritte:		566 ♦ 1110 ♦ 2114
Magnetische Volumensuszeptibilität:		0,11
Magnetismus:		Paramagnetisch
Curie-Punkt ♦ Néel-Punkt (K):		222 ♦ 230
Einfangquerschnitt Neutronen (barns):		23
Elektrische Leitfähigkeit ([A / (V · m)], bei 300 K):		$0,87 \cdot 10^6$
Elastizitäts- ♦ Kompressions-♦ Schermodul (GPa):		55,7 ♦ 38,7 ♦ 22,1
Vickers-Härte ♦ Brinell-Härte (MPa):		863 ♦ 677
Kristallsystem:		Hexagonal
Schallgeschwindigkeit (m / s, bei 293 K):		2620
Dichte (g / cm^3, bei 298 K)		8,25
Molares Volumen (m^3 / mol, bei 293 K):		$19,30 \cdot 10^{-6}$
Wärmeleitfähigkeit ([W / (m · K)]):		11,1
Spezifische Wärme ([J / (mol · K)]):		28,91
Schmelzpunkt (°C ♦ K):		1356 ♦ 1629
Schmelzwärme (kJ / mol):		10,8
Siedepunkt (°C ♦ K):		3123 ♦ 3396
Verdampfungswärme (kJ / mol):		391

Gewinnung Nach erfolgter, sehr aufwändiger Abtrennung der Begleitelemente des Terbiums, sei es durch fraktionierte Kristallisation der Ammonium-Doppelnitrate oder durch Flüssig-flüssig-Extraktion, erzeugt man reines Terbiumoxid, das wiederum mit Fluorwasserstoff in Terbiumfluorid umgewandelt wird. Jenes reduziert man mit Calcium in der Hitze zu Terbium, aus dem man durch Umschmelzen unter Vakuum das Metall gewinnt. Jenes kann bei Bedarf noch durch Umschmelzen unter Vakuum, Destillation, Amalgambildung oder Zonenschmelzen feingereinigt werden (Patnaik 2003).

Eigenschaften Silbergrau metallisch glänzendes Terbium ist verform- und schmiedbar. In Luft ist es relativ beständig, es überzieht sich mit einer passivierenden Oxidschicht. In der Flamme verbrennt es zum braunen Terbium-III, IV-oxid (Tb_4O_7). Mit Wasser reagiert es unter Wasserstoffentwicklung zum Hydroxid, in Mineralsäuren löst es sich schnell auf.

Verbindungen Terbium-III-oxid ist ein weißer Feststoff, der nicht direkt aus Terbium und Sauerstoff zugänglich ist, da beim Verbrennen von Terbium an der Luft braunes Terbium-III,IV-oxid gebildet wird (Katz et al. 1951). Dessen kontrolliert ablaufende Reduktion mit Wasserstoffgas liefert Terbium-III-oxid.

Terbium-III-fluorid (TbF_3), ebenfalls ein weißer, schwer wasserlöslicher Feststoff, wird durch Reaktion von Terbium-III-oxid mit Fluorwasserstoff erzeugt. Terbium-IV-fluorid (TbF_4) ist durch Fluorieren des Trifluorids bei einer Temperatur von ca. 300 °C zugänglich und ist ein wasserunlöslicher, weißer Feststoff.

Anwendungen Terbium verwendet man vorrangig in Halbleitern als Dotierungsmittel für Calciumfluorid, Calciumwolframat und Strontiummolybdat. Eine Mischung aus Terbiumoxid und Zirkonium-IV-oxid verstärkt das Gefüge von Hochtemperatur-Brennstoffzellen.

Legierungen aus Terbium, Eisen und Kobalt, mit und ohne Zusätze von Gadolinium, verwendet man zur Erzeugung der Beschichtungen auf wiederbeschreibbaren magneto-optischen Disks. Aus Terbium und Dysprosium bestehende Legierungen weisen eine starke Magnetostriktion auf, was sie sehr geeignet für Materialprüfungen macht. In den ohnehin schon starken Magneten aus Neodym-Eisen-Bor-Legierungen verstärken Terbiumzusätze noch die Koerzitivität (Resistenz gegenüber Entmagnetisierung).

Terbium-III, IV-oxid setzt man auch dem grünen Leuchtstoff in Bildröhren und Fluoreszenzlampen zu. Zur Erzeugung kohärenten Laserlichts einer Wellenlänge von 546 nm (grün) setzt man Natriumterbiumborat ein.

Der Faraday-Effekt des Terbium-Gallium-Granat $Tb_3Ga_5O_{12}$ ist sehr hoch; daher findet er in optischen Isolatoren Verwendung (Schlarb und Sugg 1994).

Dysprosium

Symbol:	Dy		
Ordnungszahl:	66		
CAS-Nr.:	7429-91-6		
Aussehen:	Silbrig-weiß	Dysprosium, Brocken [Metallium, Inc.]	Dysprosium, Pulver [Sicius 2015]
Farbe von Dy^{3+}aq.:	Blassgelb bis –grün		
Entdecker, Jahr	De Boisbaudran (Frankreich), 1886		
Wichtige Isotope [natürliches Vorkommen (%)]	Halbwertszeit (a)	Zerfallsart, -produkt	
$^{161}_{66}$Dy (18,91)	Stabil	----	
$^{162}_{66}$Dy (25,51)	Stabil	----	
$^{163}_{66}$Dy (24,90)	Stabil	----	
$^{164}_{66}$Dy (28,18)	Stabil	----	
Vorkommen (geographisch, welches Erz):	China		
Massenanteil in der Erdhülle (ppm):	4,3		
Preis (US$), 99 % [Metallium, Inc.]	50 g (Brocken)	120 (2014-12-04)	
	27 g (Walze, Ø 1,2 cm, in Ampulle):	120 (2014-12-04)	
Atommasse (u):	162,5		
Elektronegativität (Pauling)	1,22		
Normalpotential (V; Dy^{3+} + 3 e$^-$ -> Dy)	-2,29		
Atomradius (berechnet, pm):	175		
Kovalenter Radius (pm):	192		
Ionenradius (pm):	91		
Elektronenkonfiguration:	[Xe] 6s2 4f10		
Ionisierungsenergie (kJ / mol), erste ♦ zweite ♦ dritte :	573 ♦ 1130 ♦ 2200		
Magnetische Volumensuszeptibilität:	0,065		
Magnetismus:	Paramagnetisch		
Curie-Punkt ♦ Néel-Punkt (K):	87 ♦ 178		
Einfangquerschnitt Neutronen (barns):	930		
Elektrische Leitfähigkeit ([A / (V · m)], bei 300 K):	1,08 · 10^6		
Elastizitäts- ♦ Kompressions-♦ Schermodul (GPa):	61,4 ♦ 40,5 ♦ 24,7		
Vickers-Härte ♦ Brinell-Härte (MPa):	540 ♦ 500		
Kristallsystem:	Hexagonal (> 1384°C: Kubisch-raumzentriert)		
Schallgeschwindigkeit (m / s, bei 293 K):	2710		
Dichte (g / cm^3, bei 298 K)	8,56		
Molares Volumen (m^3 / mol, bei 293 K):	19,01 · 10^{-6}		
Wärmeleitfähigkeit ([W / (m · K)]):	11		
Spezifische Wärme ([J / (mol · K)]):	27,7		
Schmelzpunkt (°C ♦ K):	1407 ♦ 1680		
Schmelzwärme (kJ / mol):	11,06		
Siedepunkt (°C ♦ K):	2600 ♦ 2873		
Verdampfungswärme (kJ / mol):	280		

Gewinnung Sie verläuft ähnlich wie die des Terbiums. Nachdem die Begleitelemente des Dysprosiums abgetrennt worden sind, setzt man das hochreine Dysprosiumoxid mit Fluorwasserstoff zu Dysprosiumfluorid um. Jenes reduziert man mit Calcium bei hoher Temperatur unter Bildung von Calciumfluorid und metallischen Dysprosiums. Anschließend erfolgt Feinreinigung des Metalls durch Umschmelzen im Vakuum, wahlweise noch kombiniert mit Hochvakuumdestillation.

Eigenschaften Dysprosium ist ein silbergraues, bieg- und dehnbares Schwermetall, das in zwei Modifikationen auftritt. Bei Temperaturen bis zu 1384 °C liegt das hexagonal kristallisierende α-Dysprosium vor; oberhalb dieser Temperatur existiert kubisch-raumzentriertes β-Dysprosium. Neben Holmium zeigt es den stärksten Magnetismus aller Elemente (Emsley 2001), vor allem bei tiefer Temperatur. Unterhalb von −95 °C (178 K) ist es antiferromagnetisch, darüber paramagnetisch (Jackson 2000; Krebs 1998).

Das Metall ist sehr unedel und daher reaktionsfähig. An der Luft überzieht es sich schnell mit einer Oxidschicht. Schon in kaltem Wasser wird es langsam unter Bildung seines Hydroxids angegriffen, in verdünnten Säuren löst es sich schnell unter Bildung von Wasserstoff und Dysprosium-III-salzen.

Verbindungen Dysprosium-III-oxid gewinnt man durch Verbrennen von Dysprosium an Luft. Es ist ein weißes, schwach hygroskopisches Pulver, das in Wasser jedoch kaum löslich und darüber hinaus stark magnetisch ist. In Mineralsäuren löst es sich unter Bildung der entsprechenden Dysprosiumsalze, die, wie die Salze aller Ln^{3+}-Kationen, in Wasser schwach sauer reagieren (Jantsch und Ohl 1911).

Das weiße, schwer wasserlösliche Dysprosium-III-fluorid kann durch Reaktion von Dysprosium-III-oxid mit Fluorwasserstoff erzeugt werden. Dysprosium-III-chlorid kann direkt aus den Elementen Dysprosium und Chlor synthetisiert werden und bildet gelblichweiße, glänzende Schuppen.

Hydratisiertes Dysprosium-III-sulfat $(Dy_2(SO_4)_3) \cdot 8\ H_2O$ liegt in Form blassgelblichgrüner Kristalle vor.

Anwendungen Die von Dysprosium jährlich geförderte Menge beläuft sich auf weniger als 100 Tonnen. Manche Experten sehen die Gefahr einer Verknappung, denn es wird in diversen Legierungen, in starken Magneten (für Windkraftanlagen) und mit Blei legiert als Abschirmmaterial in Kernreaktoren eingesetzt. Legierungen mit Vanadium setzt man zur Herstellung von Laserwerkstoffen ein. Terbium- und dysprosiumhaltige Legierungen zeigen eine starke Magnetostriktion und werden in der Materialprüftechnik verwendet. Wie Terbium verstärkt auch Dysprosium die Koerzitivität von Neodym-Eisen-Bor-Magneten (Shi et al. 1998).

Wegen seiner starken Magnetisierbarkeit setzt man das Element auch zum Bau elektronischer Speichermedien ein, wie z. B. Festplatten (Lagowski 2004).

Gelegentlich ist Dysprosium auch Bestandteil von Steuerstäben in Kernkraftwerken, da es einen hohen Einfangquerschnittes für thermische Neutronen aufweist.

Weitere wichtige Spezialanwendungen sind das Dotieren von in Dosimetern eingebauten Calciumfluorid- und Calciumsulfatkristallen, die von DyI_3 in Halogenmetalldampflampen und die von Dysprosiumoxid in Kondensatoren als Verstärker für das als Dielektrikum benutzte Bariumtitanat.

Holmium

Symbol:	Ho		
Ordnungszahl:	67		
CAS-Nr.:	7440-60-0		
Aussehen:	Silbrig-weiß	Holmium, Brocken [Metallium, Inc. 2015]	Holmium, Pulver [Sicius 2015]
Farbe von Ho³⁺aq.:	Gelb		
Entdecker, Jahr	Delafontaine, Soret (Schweiz) Cleve (Schweden), 1879		
Wichtige Isotope [natürliches Vorkommen (%)]	Halbwertszeit (a)	Zerfallsart, -produkt	
$^{165}_{67}$Ho (100)	Stabil	----	
Vorkommen (geographisch, welches Erz):	China, GUS-Staaten, Skandinavien, Südafrika		
Massenanteil in der Erdhülle (ppm):		1,1	
Preis (US$), 99 % [Metallium, Inc.]	50 g (Brocken)	70 (2014-12-04)	
	28 g (Walze, Ø 1,2 cm, in Ampulle):	68 (2014-12-04)	
Atommasse (u):		164,93	
Elektronegativität (Pauling)		1,23	
Normalpotential (V; Ho³⁺ + 3 e⁻ -> Ho)		-2,33	
Atomradius (berechnet, pm):		175 (225)	
Kovalenter Radius (pm):		192	
Ionenradius (pm):		90	
Elektronenkonfiguration:		[Xe] 6s² 4f¹¹	
Ionisierungsenergie (kJ / mol), erste ♦ zweite ♦ dritte:		581 ♦ 1140 ♦ 2204	
Magnetische Volumensuszeptibilität:		0,049	
Magnetismus:		Paramagnetisch	
Curie-Punkt ♦ Néel-Punkt (K):		20 ♦ 132	
Einfangquerschnitt Neutronen (barns):		65	
Elektrische Leitfähigkeit([A / (V · m)], bei 300 K):		1,23 · 10⁶	
Elastizitäts- ♦ Kompressions- ♦ Schermodul (GPa):		64,8 ♦ 40,2 ♦ 26,3	
Vickers-Härte ♦ Brinell-Härte (MPa):		481 ♦ 746	
Kristallsystem:		Hexagonal	
Schallgeschwindigkeit (m / s, bei 293 K):		2760	
Dichte (g / cm³, bei 298 K)		8,78	
Molares Volumen (m³ / mol, bei 293 K):		18,74 · 10⁻⁶	
Wärmeleitfähigkeit ([W / (m · K)]):		16	
Spezifische Wärme ([J / (mol · K)]):		27,15	
Schmelzpunkt (°C ♦ K):		1461 ♦ 1734	
Schmelzwärme (kJ / mol):		17	
Siedepunkt (°C ♦ K):		2600 ♦ 2873	
Verdampfungswärme (kJ / mol):		251	

Gewinnung Sie verläuft prinzipiell so wie vorgehend für alle mittelschweren Seltenerdmetalle, z. B. Gadolinium und Terbium, beschrieben. Nach Abtrennung der Begleitmetalle setzt man hochreines Holmiumoxid mit Flusssäure um. Das dabei entstehende Holmiumfluorid lässt man in der Hitze mit Calcium reagieren, wobei sich Calciumfluorid und zunächst noch unreines metallisches Holmium bildet. Dieses schmilzt man im Vakuum um und erhält so sehr reines Metall.

Eigenschaften Silberweiß glänzendes Holmium ist weich, form- und schmiedbar. Es besitzt außergewöhnliche magnetische Eigenschaften. Sein Ferromagnetismus ist wesentlich stärker als der des Eisens. Mit 10,6 µB besitzt Holmium das höchste magnetische Moment eines natürlich vorkommenden chemischen Elements. Mit Yttrium kann man es zu magnetischen Legierungen schmelzen. Holmium ist unter Standardbedingungen paramagnetisch und wird unterhalb von $-253\,°C$ (20 K) ferromagnetisch (Gupta und Krishnamurthy 2004).

In trockener Luft ist Holmium einigermaßen beständig, in feuchter oder warmer Luft läuft es dagegen unter Bildung einer gelblichen Oxidschicht schnell an. Bei Temperaturen oberhalb von $150\,°C$ verbrennt es an der Luft zum Oxid (Ho_2O_3). Mit Wasser reagiert es schon in der Kälte langsam unter Entwicklung von Wasserstoff zum Hydroxid. In Mineralsäuren löst es sich zügig unter Bildung von Wasserstoff auf. In seinen Verbindungen liegt es fast ausnahmslos in der Oxidationszahl $+3$ vor.

Verbindungen Holmium-III-oxid entsteht bei der Oxidation von Holmium, ist aber auch durch Erhitzen bestimmter Salze wie Holmiumnitrat erhältlich. Es ist ein gelblicher, fast wasserunlöslicher Feststoff.

Holmium-III-fluorid wird durch Reaktion von Ammoniumfluorid mit Holmium-III-oxid dargestellt; ein gelbes, ebenfalls wasserunlösliches Pulver.

Holmium-III-chlorid kann durch Reaktion von Holmium-III-oxid und Ammoniumchlorid bei 200–250 °C gewonnen oder auch direkt aus den Elementen Holmium und Chlor synthetisiert werden. Holmium-III-chlorid und sein Hexahydrat sind hellgelbe Feststoffe, die löslich in Wasser sind.

Anwendungen Seine hervorragenden magnetischen Eigenschaften prädestinieren Holmium für zahlreiche Anwendungen. In den Polschuhen von Hochleistungsmagneten ist es ebenso enthalten wie in Magnetblasenspeichern, in denen es in Form von in sehr dünner Schicht aufgebrachten Legierungen mit Eisen, Kobalt und Nickel zum Einsatz kommt (Jiles 1998; Hoard et al. 1985). In Steuerstäben von Brutreaktoren ist es als Absorber für thermische Neutronen prinzipiell einsetzbar, jedoch sind Gadolinium und Dysprosium hier leistungsfähiger und auch wirtschaftlicher.

In Granaten für Festkörperlaser wird es weithin verwendet als Dotiermittel [Yttrium-Eisen (YIG), Yttrium-Aluminium (YAG), Yttrium-Lithium-Fluorid (YLF)]. Sie emittieren IR-Licht einer Wellenlänge von 2100 nm und werden in der Medizin und Optik eingesetzt (Gupta und Krishnamurthy 2004).

Holmiumoxid verwendet man zur Erzeugung gelben Glases, wegen seiner auf einen engen Wellenlängenbereich begrenzten Lichtabsorption außerdem als Kalibriersubstanz für Photometer.

Holmium-III-iodid ist Bestandteil der Wirksubstanz in Metalldampflampen.

Erbium

Symbol:	Er	
Ordnungszahl:	68	
CAS-Nr.:	7440-52-0	
Aussehen:	Silbrig-weiß	Erbium, Brocken [Metallium, Inc. 2015]
Farbe von Er^{3+}aq.:	Rosa bis pink	
Entdecker, Entdeckungsjahr	Mosander (Schweden), 1843	
Isotop [natürl. Vork. (%)]	Halbwertszeit (a)	Zerfallsart, -produkt
$^{166}_{68}Er$ (33,6)	Stabil	----
$^{167}_{68}Er$ (22,95)	Stabil	----
$^{168}_{68}Er$ (26,8)	Stabil	----
$^{170}_{68}Er$ (14,9)	Stabil	----
Vorkommen (geographisch):	China, Australien	
Massenanteil in der Erdhülle (ppm):	2,3	
Preis (US$), 99 % [Metallium, Inc.]	35 g (Brocken)	35 (2014-12-04)
	29 g (Walze, Ø 1,2 cm, in Ampulle):	68 (2014-12-04)
Atommasse (u):	167,259	
Elektronegativität (Pauling)	1,24	
Normalpotential (V; Er^{3+} + 3 e⁻ -> Er)	-2,32	
Atomradius (berechnet, pm):	175 (226)	
Kovalenter Radius (pm):	189	
Ionenradius (pm):	89	
Elektronenkonfiguration:	$[Xe]\ 6s^2\ 4f^{11}$	
Ionisierungsenergie (kJ / mol), erste ♦ zweite ♦ dritte:	589 ♦ 1150 ♦ 2194	
Magnetische Volumensuszeptibilität:	0,033	
Magnetismus:	Paramagnetisch	
Curie-Punkt ♦ Néel-Punkt (K):	32 ♦ 82	
Einfangquerschnitt Neutronen (barns):	0,16	
Elektrische Leitfähigkeit ([A / (V · m)], bei 300 K):	$1,16 \cdot 10^6$	
Elastizitäts- ♦ Kompressions- ♦ Schermodul (GPa):	69,9 ♦ 44,4 ♦ 28,3	
Vickers-Härte ♦ Brinell-Härte (MPa):	589 ♦ 814	
Kristallsystem:	Hexagonal	
Schallgeschwindigkeit (m / s, bei 293 K):	2830	
Dichte (g / cm³, bei 298 K)	9,06	
Molares Volumen (m³ / mol, bei 293 K):	$18,46 \cdot 10^{-6}$	
Wärmeleitfähigkeit ([W / (m · K)]):	15	
Spezifische Wärme ([J / (mol · K)]):	28,12	
Schmelzpunkt (°C ♦ K):	1529 ♦ 1802	
Schmelzwärme (kJ / mol):	19,9	
Siedepunkt (°C ♦ K):	2900 ♦ 3173	
Verdampfungswärme (kJ / mol):	280	

Gewinnung Sie verläuft analog der für die vorangegangenen Elemente Gadolinium bis Holmium beschriebenen Vorgehensweise. Erbium entsteht bei hohen Temperaturen durch Reaktion von Calcium mit Erbiumfluorid unter Argon und anschließendem Umschmelzen des Rohmetalls im Vakuum (Patnaik 2003).

Eigenschaften Das silberweiß glänzende Erbium ist schmiedbar, aber auch bereits etwas spröde und leitet so zu den Übergangsmetallen ab der Ordnungszahl 72 (Hafnium) über. Erbium ist unterhalb einer Temperatur von $-241\,°C$ (32 K) ferromagnetisch, antiferromagnetisch zwischen $-241\,°C$ (32 K) und $-193\,°C$ (80 K) und oberhalb der letztgenannten Temperatur paramagnetisch (Jackson 2000).

In Luft läuft Erbium grau an, ist dann aber relativ beständig. Bei erhöhter Temperatur verbrennt es zum Sesquioxid (Er_2O_3). Mit Wasser reagiert es, wie namentlich alle Lanthanoide niedrigerer Ordnungszahl, unter Wasserstoffentwicklung zum Hydroxid. In Mineralsäuren löst es sich ziemlich schnell unter Bildung von Wasserstoff und Erbium-III-verbindungen auf. In seinen Verbindungen liegt es fast ausschließlich in der Oxidationsstufe $+3$ vor, die Er^{3+}-Kationen bilden in Wasser rosafarbene Lösungen. Feste Salze des Erbiums sind ebenfalls rosa gefärbt.

Verbindungen Erbium-III-oxid ist durch Verbrennen von Erbium an Luft darstellbar. Es ist ein hygroskopisches, pinkfarbenes Pulver, das unlöslich in Wasser ist.

Erbium-III-fluorid kann durch Reaktion von Flusssäure mit Erbium-III-chlorid hergestellt werden; ein geruchloser, rosafarbener und kaum wasserlöslicher Feststoff.

Erbium-III-chlorid ist durch Umsetzung von Erbium-III-oxid oder Erbium-III-carbonat und Ammoniumchlorid darstellbar. Es ist ein festes Salz mit leicht rosaroter Farbe und wasserlöslich.

Anwendungen Eine Erbium-Nickel-Legierung (Er_3Ni) hat bei Temperaturen nahe dem absoluten Nullpunkt eine ungewöhnliche hohe spezifische Wärmekapazität, daher setzt man es in Kryokühlern ein. Eine Mischung aus 65 % Er_3Co und 35 % $Er_{0,9}Ni_{0,1}Ni$ ist hierbei sogar noch wirksamer (Ackermann 1997).

Erbium-dotierte Lichtwellenleiter setzt man in optischen Verstärkern ein. Eine Matrix aus Gold, dotiert mit einigen hundert ppm Erbium, dient als Sensormaterial magnetischer Kalorimeter zur hochauflösenden Teilchendetektion (Becker et al. 1999).

Erbium wird, wie andere Seltenerdmetalle auch (Neodym, Holmium), zur Dotierung von Laserkristallen in Festkörperlasern verwendet (Er-YAG-Laser, siehe auch Nd-YAG-Laser). Der Er-YAG-Laser findet hauptsächlich in der Humanmedizin Verwendung. Er strahlt mit einer Wellenlänge von 2940 nm und wird damit sehr stark im Gewebewasser absorbiert.

Als reiner Beta-Strahler wird $^{169}_{68}$Er zur Therapie kleiner Gelenke bei der Radiosynoviorthese eingesetzt, für mittelgroße Gelenke kommt $^{186}_{75}$Re und für große $^{90}_{39}$Y zum Einsatz. Erbium dient wegen seines hohen Einfangquerschnitts für Neutronen auch als Bestandteil der zur Herstellung von Kontrollstäben verwendeten Legierung. Dies ist für RBMK-Reaktoren von Bedeutung (Parish 1999).

Erbium-III-chlorid ist ein wirksamer Katalysator für die Acylierung von Alkoholen und Phenolen.

Thulium

Symbol:	Tm	
Ordnungszahl:	69	
CAS-Nr.:	7440-30-4	
Aussehen:	Silbrig-grau	Thulium, Brocken [Metallium, Inc. 2015]
Farbe von Tm^{3+}aq.:	Grünlich	
Entdecker, Jahr	Delafontaine, Soret (Schweiz) Cleve (Schweden), 1879	
Isotop [natürl. Vork. (%)]	Halbwertszeit (a)	Zerfallsart, -produkt
$^{169}_{69}$Tm (100)	Stabil	----
Vorkommen (geographisch, welches Erz):	China, Russland	Xenotim, Yttrium-Gadolinit / Bastnäsit, Monazitsand
Massenanteil in der Erdhülle (ppm):		0,2
Preis (US$), 99 % [Metallium, Inc.]	25 g (Brocken)	155 (2014-12-04)
	30 g (Walze, Ø 1,2 cm, in Ampulle):	220 (2014-12-04)
Atommasse (u):		168,934
Elektronegativität (Pauling)		1,25
Normalpotential (V; Tm^{3+} + 3 e⁻ -> Tm)		-2,32
Atomradius (berechnet, pm):		175 (222)
Kovalenter Radius (pm):		190
Ionenradius (pm):		88
Elektronenkonfiguration:		[Xe] $6s^2$ $4f^{13}$
Ionisierungsenergie (kJ/mol), erste ♦ zweite ♦ dritte:		597 ♦ 1160 ♦ 2285
Magnetische Volumensuszeptibilität:		0,017
Magnetismus:		Paramagnetisch
Curie-Punkt ♦ Néel-Punkt (K):		25 ♦ 56
Einfangquerschnitt Neutronen (barns):		115
Elektrische Leitfähigkeit ([A / (V · m)], bei 300 K):		1,48 · 10^6
Elastizitäts- ♦ Kompressions- ♦ Schermodul (GPa):		74,0 ♦ 44,5 ♦ 30,5
Vickers-Härte ♦ Brinell-Härte (MPa):		520 ♦ 410
Kristallsystem:		Hexagonal
Schallgeschwindigkeit (m / s, bei 293 K):		Keine Angabe
Dichte (g / cm^3, bei 298 K)		9,32
Molares Volumen (m^3 / mol, bei 293 K):		19,1 · 10^{-6}
Wärmeleitfähigkeit ([W / (m · K)]):		16,8
Spezifische Wärme ([J / (mol · K)]):		27,03
Schmelzpunkt (°C ♦ K):		1545 ♦ 1818
Schmelzwärme (kJ / mol):		16,8
Siedepunkt (°C ♦ K):		1950 ♦ 2223
Verdampfungswärme (kJ / mol):		247

Gewinnung Nach der für die vorangegangenen Seltenerdmetalle dargelegten Methode wird auch hier das sehr reine Thuliumoxid durch Reaktion mit einem reaktiveren Metall, als es Thulium ist, reduziert. Allerdings gelangt hier Lanthan und nicht Calcium zum Einsatz. Die hohe Exothermie dieser Reaktion ermöglicht es, dass aus dem Reaktionsgemisch heraus Thulium direkt absublimiert werden kann.

Eigenschaften Silbergraues Thulium ist sehr weich, gut dehn- und schmiedbar. Es kristallisiert bei Raumtemperatur in der stabileren hexagonalen Modifikation (β-Tm), daneben gibt es noch eine tetragonale Form (α-Tm) (Hammond 2000). Das Metall ist ferromagnetisch unterhalb von $-248\,°C$ (25 K), antiferromagnetisch zwischen $-248\,°C$ (25 K) und $-217\,°C$ (56 K) und paramagnetisch oberhalb $-217\,°C$ (56 K) (Jackson 2000).

In trockener Luft ist Thulium ziemlich beständig, in feuchter Luft läuft es grau an. Bei erhöhter Temperatur verbrennt es, wie alle anderen Lanthanoiden auch, zum Sesquioxid (Tm_2O_3). Mit Wasser reagiert es unter Wasserstoffentwicklung zum Hydroxid, und Mineralsäuren lösen es, ebenfalls unter Entwicklung von Wasserstoff, leicht auf.

In seinen Verbindungen liegt es fast immer in der Oxidationsstufe $+3$ vor, die Tm^{3+}-Kationen bilden in Wasser pastell-bläulich-grüne Lösungen.

Verbindungen Thulium-III-oxid kann durch Verbrennung von Thulium an Luft oder durch thermische Zersetzung von Thuliumoxalat, -carbonat oder -acetat bei ca. 700 °C gewonnen werden. Thulium-III-oxid ist ein weißer bis leicht grünlicher Feststoff und wird durch Reaktion von Thulium-III-oxid mit Fluorwasserstoff erzeugt. Thulium-III-fluorid ist ein geruchloser leicht grünlicher Feststoff, der unlöslich in Wasser ist.

Thulium-III-chlorid stellt man durch Umsetzung von Thulium-III-oxid oder -carbonat mit Ammoniumchlorid her. In wasserfreiem Zustand ist es hellgelb, als Hexahydrat grünlichgelb.

Anwendungen Thulium kommt in den Mineralen Gadolinit, Monazit, Xenotim und Euxenit vor; sein Anteil an der Erdkruste beträgt ca. 0,5 ppm. Die Weltreserve beträgt ca. 100.000 t. Es ist das seltenste Metall der Lanthanoide mit Ausnahme von Promethium (Emsley 2001), ist aber in der Erdkruste immer noch häufiger vertreten als Gold, Iod, Silber oder Platin. Es gibt nur sehr wenige technische Einsatzfelder, wie z. B. die Aktivierung der Leuchtstoffe auf der Bildschirmfläche von Fernsehgeräten. Thuliumkristalle sind ferner Wirksubstanz in diodengepumpten Infrarotlasern.

In Nuklearreaktoren zwangsweise anfallendes $^{170}_{69}$Tm dient als Quelle für Röntgenstrahlen (Einsatz in der medizinischen Diagnostik) sowie für Gammastrahlen (zur Materialprüfung).

Öfter setzt man thuliumdotierte Verbindungen ein. Derart vorbehandeltes Yttriumtantalat oder Lanthanoxidbromid fungieren als Szintillatoren in Röntgenverstärkerfolien, wogegen thuliumdotiertes Calciumsulfat der Wirkstoff des Detektors in Personendosimetern zur Erfassung niedriger Strahlendosen ist. Thuliumdotiertes Kieselglas wiederum ist Grundlage von Faserlasern (Emsley 2001).

Thulium-III-oxid verwendet man auch in der einst klassischen Anwendung für viele Seltenerdmetalloxide, zum Färben von Gläsern und Keramiken. Es wird auch in magnetischen Keramikmaterialien für Mikrowellengeräte eingesetzt.

Ytterbium

Symbol:	Yb	
Ordnungszahl:	70	
CAS-Nr.:	7440-64-4	
Aussehen:	Silbrig-weiß	Ytterbium, Brocken [Metallium, Inc. 2015] Ytterbium, Granalien [Sicius 2015]
Farbe von Yb^{3+}aq.:	Farblos	
Entdecker, Jahr	Marignac (Schweiz), 1878	

Isotop [natürl. Vork. (%)]	Halbwertszeit (a)	Zerfallsart, -produkt
$^{171}_{70}$Yb (14,3)	Stabil	----
$^{172}_{70}$Yb (21,9)	Stabil	----
$^{173}_{70}$Yb (16,1)	Stabil	----
$^{174}_{70}$Yb (31,8)	Stabil	----

Vorkommen (geographisch, welches Erz):	China, Malaysia	Xenotim (mit bis zu 6 % Yb)
Massenanteil in der Erdhülle (ppm):		2,5
Preis (US$), 99 % [Metallium, Inc.]	25 g (Brocken)	40 (2014-12-04)
	22 g (Walze, Ø 1,2 cm, in Ampulle):	80 (2014-12-04)
Atommasse (u):		173,054
Elektronegativität (Pauling)		1,12
Normalpotential (V; Yb^{3+} + 3 e⁻ -> Yb)		-2,22
Atomradius (berechnet, pm):		175 (222)
Kovalenter Radius (pm):		187
Ionenradius (pm):		87
Elektronenkonfiguration:		[Xe] $6s^2\,4f^{14}$
Ionisierungsenergie (kJ/mol), erste ♦ zweite ♦ dritte:		603 ♦ 1175 ♦ 2417
Magnetische Volumensuszeptibilität:		$3,4 \cdot 10^{-3}$
Magnetismus:		Paramagnetisch
Curie-Punkt ♦ Néel-Punkt (K):		Keine Angabe
Einfangquerschnitt Neutronen (barns):		35
Elektrische Leitfähigkeit ([A / (V · m)], bei 300 K):		$4,0 \cdot 10^6$
Elastizitäts- ♦ Kompressions- ♦ Schermodul (GPa):		23,9 ♦ 30,5 ♦ 9,9
Vickers-Härte ♦ Brinell-Härte (MPa):		206 ♦ 343
Kristallsystem:		Kubisch-flächenzentriert (>770°C: Kubisch-raumz.)
Schallgeschwindigkeit (m / s, bei 293 K):		1590
Dichte (g / cm³, bei 298 K)		6,97
Molares Volumen (m³/ mol, bei 293 K):		$24,84 \cdot 10^{-6}$
Wärmeleitfähigkeit ([W / (m · K)]):		39
Spezifische Wärme ([J / (mol · K)]):		26,74
Schmelzpunkt (°C ♦ K):		824 ♦ 1097
Schmelzwärme (kJ / mol):		7,6
Siedepunkt (°C ♦ K):		1430 ♦ 1703
Verdampfungswärme (kJ / mol):		159

Gewinnung Für die schweren Lanthanoiden ist das am günstigsten anwendbare Trennverfahren jenes mittels Ionenaustauschchromatografie. Mit der die verschiedenen Seltenerdkationen enthaltenden wässrigen Lösung wird ein geeignetes Kationenaustauscherharz beladen, das die einzelnen Lanthanoid-Ionen unterschiedlich stark bindet. Yb^{3+}-Ionen haben innerhalb der Lanthanoidenreihe die zweitniedrigste Affinität zum Austauscherharz. Nach erfolgter Bindung an dieses werden sie durch Komplexbildner (z. B. EDTA, DTPA) vom Harz gelöst, wodurch eine Voranreicherung erzielt wird.

Eine weitere und schließlich reines Yb^{3+} liefernde Trennung ist über viele nachgeschaltete Trennschritte möglich. Metallisches Ytterbium wird durch Elektrolyse einer Schmelze aus Ytterbium-III-fluorid und Ytterbium-III-chlorid erzeugt. Dabei setzt man Alkali- oder Erdalkalimetallhalogenide zur Senkung des Schmelzpunktes zu. Flüssiges Cadmium oder Zink dient als Kathode. Alternativ ist es über die Reaktion von Ytterbium-III-fluorid mit Calcium, bzw. Ytterbium-III-oxid mit Lanthan oder Cer zugänglich. Hochreines Metall gewinnt man durch anschließende Destillation im Hochvakuum.

Eigenschaften Ytterbium ist ein silberglänzendes, weiches Schwermetall, besitzt mit nur 6,97 g/cm³ aber eine Dichte, die wesentlich niedriger ist als die der im Periodensystem benachbarten Seltenerdmetalle Thulium bzw. Lutetium. Ähnliches gilt für die relativ niedrigen Schmelz- und Siedepunkte. Diese Werte stehen, wie auch beim Europium, im Widerspruch zur sonst geltenden Lanthanoidenkontraktion. Die Elektronenkonfiguration [Xe] $4f^{14}$ $6s^2$ des Elementes stellt nur zwei statt drei -wie bei den anderen Lanthanoiden- Valenzelektronen für metallische Bindungen zur Verfügung. Die Bindungskräfte im Metallgitter sind daher deutlich geringer. Bei Drücken von > 16.000 bar mutiert Ytterbium zum Halbleiter.

Ytterbium ist ein unedles Metall, das bei erhöhter Temperatur mit Sauerstoff, Halogenen, Schwefel und Stickstoff reagiert. An trockener Luft oxidiert es oberflächlich und langsam, schneller bei Anwesenheit von Feuchtigkeit. Feinverteiltes metallisches Ytterbium ist, wie die anderen Seltenerdmetalle auch, an Luft und unter Sauerstoff entzündlich (pyrophor).

Verbindungen Ytterbium tritt in seinen Verbindungen mit den Oxidationszahlen + 2 und + 3 auf. So bildet es mit Halogenen (X = Fluor, Chlor, Brom, Iod) jeweils zwei Salze mit den Formeln YbX_2 und YbX_3. Die Dihalogenide oxidieren jedoch bei Anwesenheit überschüssigen Halogens leicht zu den Trihalogeniden, in der Wärme disproportionieren sie zu Trihalogenid und metallischem Ytterbium.

Ytterbium-III-oxid kann durch Reaktion von Ytterbium mit Sauerstoff erzeugt werden; es ist ein weißes Pulver. Ytterbium-III-chlorid entsteht durch Umsetzung von Ytterbium-III-oxid entweder mit Tetrachlorkohlenstoff oder heißer Salzsäure. Auch diese und andere Verbindungen des Yb^{3+}-Ions sind farblos.

Anwendungen Ytterbium und seine Verbindungen setzt man technisch nur in geringen Mengen ein. Als Bestandteil in bestimmten Legierungen verbessert es die Kornfeinung, Festigkeit und mechanischen Eigenschaften rostfreien Stahls. Geprüft wird Ytterbium-III-oxid aktuell wegen seiner starken Abstrahlungsleistung von Infrarotlicht unter gegebenen Versuchsbedingungen als Ersatz für Magnesiumoxid in schweren Wirkladungen für kinematische Infrarottäuschkörper. $^{169}_{70}Yb$ wird als γ-Strahler in der Radiographie eingesetzt (Halmshaw 1995).

Wie auch andere Seltenerdmetalle wird Ytterbium als Dotierungsmittel für Yttrium-Aluminium-Granat-Laser (Yb-YAG-Laser) genutzt, die einen hohen Dotierungsgrad erlauben und ein breiteres Wellenlängenspektrum absorbieren. Auch in Faserlasern wird Ytterbium eingesetzt (Evgenii et al. 2004; Ueda, et al. 2005; McCumber 1964; Simpson 1999).

Ytterbiumhalogenide finden als Katalysatoren in organischen Synthesen Verwendung. Ytterbium-III-chlorid ist eine schwächere Lewis-Säure als Aluminiumchlorid, eignet sich aber sehr gut für Aldol- bzw. Diels-Alder-Reaktionen und Allylierungen. Ytterbium-II-iodid kann wie das analoge Samarium-II-iodid als starkes Reduktionsmittel eingesetzt werden. Ytterbium-III-fluorid verwendet man zur Verhinderung von Karies in der Zahnmedizin. Es setzt kontinuierlich Fluorid frei, das in den Zahnschmelz eingebaut wird.

Lutetium

Symbol:	Lu	
Ordnungszahl:	71	
CAS-Nr.:	7439-94-3	
Aussehen:	Silbrig-weiß	Lutetium, Brocken [Metallium, Inc. 2015]
Farbe von Lu^{3+}aq.:	Farblos	
Entdecker, Jahr	Auer von Welsbach (Österreich), Urbain (Frankreich), James (England), 1907	
Isotop [natürl. Vork. (%)]	Halbwertszeit (a)	Zerfallsart, -produkt
$^{175}_{71}Lu$ (97,41)	Stabil	----
$^{176}_{71}Lu$ (2,59)	$3,8 \cdot 10^{10}$	β^- > $^{176}_{72}Hf$
Vorkommen (geographisch), welches Erz):	China, Malaysia	Xenotim, Tonminerale
Massenanteil in der Erdhülle (ppm):		0,7
Preis (US$), 99 % [Metallium, Inc.]	5 g (Brocken)	42 (2014-12-04)
	31 g (Walze, Ø 1,2 cm, in Ampulle):	195 (2014-12-04)
Atommasse (u):		174,967
Elektronegativität (Pauling)		1,27
Normalpotential (V; Lu^{3+} + 3 e⁻ -> Lu)		-2,3
Atomradius (berechnet, pm):		175 (217)
Kovalenter Radius (pm):		187
Ionenradius (pm):		86
Elektronenkonfiguration:		[Xe] $6s^2$ $5d^1$ $4f^{14}$
Ionisierungsenergie (kJ/mol), erste ♦ zweite ♦ dritte:		524 ♦ 1340 ♦ 2022
Magnetische Volumensuszeptibilität:		> 0
Magnetismus:		Paramagnetisch
Curie-Punkt ♦ Néel-Punkt (K):		Keine Angabe
Einfangquerschnitt Neutronen (barns):		75
Elektrische Leitfähigkeit ([A / (V · m)], bei 300 K):		$1,72 \cdot 10^6$
Elastizitäts- ♦ Kompressions-♦ Schermodul (GPa):		33,6 ♦ 21,5 ♦ 13,5
Vickers-Härte ♦ Brinell-Härte (MPa):		491 ♦ 363
Kristallsystem:		Hexagonal
Schallgeschwindigkeit (m / s, bei 293 K):		2100
Dichte (g / cm³, bei 298 K)		9,84
Molares Volumen (m³ / mol, bei 293 K):		$17,78 \cdot 10^{-6}$
Wärmeleitfähigkeit ([W / (m · K)]):		16,4
Spezifische Wärme ([J / (mol · K)]):		26,86
Schmelzpunkt (°C ♦ K):		1652 ♦ 1925
Schmelzwärme (kJ / mol):		22
Siedepunkt (°C ♦ K):		3402 ♦ 3675
Verdampfungswärme (kJ / mol):		414

Gewinnung Wie für Ytterbium bereits beschrieben, ist auch hier die Ionenchromatografie die erfolgversprechendste Methode. Das am Ende dieser Trennoperationen anfallende Lutetium-III-oxid wird zu Lutetium-III-fluorid umgesetzt, das mit Calcium bei ca. 1400 °C zu rohem Lutetiummetall reduziert wird. Eine Feinreinigung erfolgt durch Umschmelzen im Hochvakuum.

Eigenschaften Lutetium ist das letzte Element der Reihe der Seltenerdmetalle und leitet in seinen physikalischen Eigenschaften zum benachbarten Hafnium über. Lutetium ist ein weiches, silberglänzendes Schwermetall und besitzt infolge der Lanthanoidenkontraktion mit 175 pm den kleinsten Atomradius, mit 9,84 g/cm3 die höchste Dichte sowie die höchsten Schmelz- (1652 °C) und Siedepunkte (3402 °C) aller Seltenerdmetalle.

Auch Lutetium ist ein unedles Metall, das, vor allem bei höheren Temperaturen, mit den meisten Nichtmetallen reagiert. An trockener Luft oxidiert es langsam, schneller bei Anwesenheit von Feuchtigkeit. Metallisches Lutetium ist, vor allem bei höherer Temperatur und in feinverteiltem Zustand, brennbar. In Wasser löst sich Lutetium nur langsam, in Säuren schneller unter Wasserstoffbildung (Krebs 2006). In Lösung liegen immer dreiwertige, farblose Lu^{3+}-Ionen vor.

Verbindungen Mit Sauerstoff reagiert Lutetium zu Lutetium-III-oxid (Lu_2O_3) einem weißen, wasserunlöslichen Pulver. Es ist hygroskopisch und absorbiert auch Kohlendioxid. Mit Säuren geht es die typische Reaktion unter Bildung von Lutetium-III-salzen ein.

Lutetium-III-chlorid und sein Hexahydrat sind ebenfalls farblose, jedoch wasserlösliche, bei Raumtemperatur feste Verbindungen. Lutetium-III-fluorid ist ein wasserunlöslicher, weißer Feststoff. Lutetium-III-bromid ist ein weißer, Lutetium-III-iodid ein brauner Feststoff. Beide Halogenide sind stark hygroskopisch. Neben dem Oxid und Fluorid sind auch das Hydroxid, Carbonat, Phosphat und Oxalat unlöslich in Wasser (Patnaik 2003).

Anwendungen Metallisches Lutetium ist wegen der schwierigen Gewinnung und seiner Seltenheit kaum von wirtschaftlicher Bedeutung. Meist wird es für Forschungszwecke benötigt. Es ist in Verbindung mit anderen Lanthanoiden einer der Bestandteile von Mischmetall.

Lutetiumverbindungen können z. B. als Katalysatoren für das Cracken von Erdöl und für Polymerisationsreaktionen genutzt werden. Lutetium-III-fluorid ist in Mischkristallen mit Lithium- und Neodym-III-fluorid der Wirkstoff in einigen Szintillationszählern.

Lutetium-Aluminium-Granat (LuAG, $Al_5Lu_3O_{12}$) findet unter anderem in Infrarot-Lasern und als Leuchtstoff in weißen Leuchtdioden und Feldemissionsbildschirmen Verwendung, ebenso als Linsenmaterial bei der Immersionslithographie (Wei und Brainard 2009).

Technisch am bedeutsamsten ist mit Cer dotiertes Lutetiumoxyorthosilicat, das man in Szintillationszählern zur Positronen-Emissions-Tomographie einsetzt (Wahl 2002; Schweitzer 1993).

Lutetium verbindungen können auch als phosphoreszierende Substanzen in LED Glühbirnen verwendet werden (Simard-Normandin 2011).

Literatur

R.A. Ackermann, *Cryogenic Regenerative Heat Exchangers* (Springer, Berlin, 1997), S. 58. ISBN 978-0-306-45449-3

As hybrid cars gobble rare metals, shortage looms, Reuters, August 31, 2009 (2009)

M. Attrep Jr., P.K. Kuroda, Promethium in pitchblende. J. Inorg. Nucl. Chem. **30**(3), 699–703 (1968)

G. Audi et al., The NUBASE evaluation of nuclear and decay properties. Nucl. Phys. A **729**(1), 3–128 (2003)

G. Azimi et al., Hydrophobicity of rare-earth oxide ceramics. Nature Materials, Bd. 12, (Nature Publishing Group Macmillan Publishers Ltd., New York, 2013), S. 315–320. http://www.nature.com/nmat/journal/v12/n4/full/nmat3545.html

C.S. Barrett, Crystal Structure of Barium and Europium at 293, 78, and 5°K. J. Chem. Phys. **25**, 1123 (1956)

M. Baumer et al., Nanostructured praseodymium oxide: Preparation, structure, and catalytic properties. J. Phys. Chem. C **112** (8), 3054 (2008)

P.C. Becker et al., Erbium-doped Fiber Amplifiers Fundamentals and Technology (Academic Press, San Diego, 1999). ISBN 978-0-12-084590-3

P. Belli et al., Search for α-Decay of Natural Europium. Nucl. Phys. A **789**, 15–29 (2007)

D. Bencek et al., Vorratslager für Seltene Erden: Eine Aufgabe für die Wirtschaftspolitik, Wirtschaftsdienst, Bd. 91 (Springer-Verlag, Berlin, 2011), S. 209–215. http://rd.springer.com/article/10.1007%2Fs10273-011-1207-9#page-1

D. I. Bleiwas, Potential for Recovery of Cerium Contained in Automotive Catalytic Converters (U.S. Department of the Interior, Reston, 2003)

K. Bradsher, China tightens grip on rare minerals. New York Times. http://www.nytimes.com/2009/09/01/business/global/01minerals.html. Zugegriffen: 31. Aug. 2009 (2009)

C. Bray, Dictionary of Glass: Materials and Techniques (University of Pennsylvania Press, Pennsylvania, 2001), S. 102, ISBN 0-8122-3619-X

C.G. Brown, L.G. Sherrington, Solvent extraction used in industrial separation of rare earths. J. Chem. Technol. Biotechnol. **29**, 193–209 (1979)

Cerium dioxide. www.nanopartikel.info. Zugegriffen: 2. Feb. 2011 (2011)

X. Chen, G. Roth, Superconductivity at 8 K in samarium-doped C60. Phys. Rev. B **52**(21), 15534 (1995)

Chemical reactions of lutetium. Webelements. Aufgerufen 6. Juni 2009 (2009)

© Springer Fachmedien Wiesbaden 2015

H. Sicius, *Seltenerdmetalle: Lanthanoide und dritte Nebengruppe,* essentials, DOI 10.1007/978-3-658-09840-7

Chemical reactions of Praseodymium. Webelements. Abgerufen 6. Juni 2009 (2009)

Chemical reactions of Samarium. Webelements. Aufgerufen 6. Juni 2009 (2009)

Chemical reactions of terbium. Webelements. Abgerufen 6. Juni 2009 (2009)

T. Cmiel, Wo man Seltene Erden findet. Investment Alternativen, (Quadriga Communication GmbH, Berlin, 2012). http://www.investment-alternativen.de/wo-man-seltene-erden-findet/#!pretty. Zugegriffen: 31. Mai 2012

Cornelsen-Verlag, Prof. Blumes Bildungsserver für Chemie, 2002. Letzte Überarbeitung. http:www.chemieunterricht.de. Zugegriffen: 13. Feb. 2012 (2002)

A.-L. Debierne, Sur une nouvelle matière radio-active. Comptes Rendus **129**, 593–595 (1899)

A.-L. Debierne, Sur un nouvel élément radio-actif: l'actinium. Comptes Rendus **130**, 906–908 (1900)

A.N. Dorofeev et al., Radiation characteristics of europium-containing control rods in a SM-2 reactor after long-term operation. At Energy **93**(2), 656–660 (2002)

T.S. Elleman, Construction of a promethium-147 atomic battery. IEEE Trans. Electron Devices 11(2), (1964)

H. Elsner, Aktuelle BGR-Recherche: Anteil Chinas an weltweiter Selten Erden-Produktion sinkt nur langsam (Bundesanstalt für Geowissenschaften und Rohstoffe (BGR), Hannover, 2014). http://www.bgr.bund.de/DE/Gemeinsames/Oeffentlichkeitsarbeit/Pressemitteilungen/BGR/br-140312_Seltene%20Erden.html. Zugegriffen: 12. März 2014

H. Elsner, M. Liedtke, Seltene Erden, Commodity Top News Nr. 31 (Bundesanstalt für Geowissenschaften und Rohstoffe (BGR), Hannover, 2009)

H. Elsner et al., Das mineralische Rohstoffpotenzial der Arktis (Bundesanstalt für Geowissenschaften und Rohstoffe (BGR), Hannover, 2014)

J. Emsley, Nature's Building Blocks (Oxford University Press, Oxford, 2001a), S. 129–132. ISBN 0-19-850341-5

J. Emsley, Nature's building blocks (Oxford University Press, Oxford, 2001b), S. 342, ISBN 0-19-850341-5

J. Emsley, Nature's Building Blocks: An A–Z Guide to the Elements (Oxford University Press, Oxford, 2001c), S. 442–443. ISBN 0-19-850341-5

J. Emsley, Nature's Building Blocks. An A–Z Guide to the Elements (Oxford University Press, Oxford, 2001d), ISBN 978-0-1985-0341-5

J. Emsley, Nature's Building Blocks: An A–Z Guide to the Elements (Oxford University Press, Oxford, 2011), S. 120–125. ISBN 978-0-19-960563-7

P. Enghag, Encyclopedia of the Elements (Wiley, 2008), S. 485–486. ISBN 978-3-5276-1234-5

M. Evgenii et al., Broadband radiation source based on an ytterbium-doped fibre with fibre-length-distributed pumping. Quantum Electron. **34**(3), 247 (2004)

FID Verlag GmbH, Bonn – Bad Godesberg, 2014, http://www.investor-verlag.de/rohstoffe/seltene-erden/vorkommen-seltener-erden-ausserhalb-chinas/

Frankfurter Allgemeine Zeitung, Die EU und Vereinigte Staaten verklagen China. http://www.faz.net/aktuell/wirtschaft/wirtschaftspolitik/seltene-erden-eu-undvereinigte-staaten-verklagen-china-11682578.html. Zugegriffen: 13. März 2012 (2012)

T. Gray, The Elements (Black Dog & Leventhal Publishers, 2010), ISBN 1579128955

K.A. Gschneider, L.R. Eyring, Handbook of Physics and Chemistry of Rare Earths, Bd. 21 (1995)

C. K. Gupta, N. Krishnamurthy, Extractive Metallurgy of Rare Earths (CRC Press, 2004a), S. 30, ISBN 0-415-33340-7

C.K. Gupta, N. Krishnamurthy, Extractive Metallurgy of Rare Earths (CRC Press, 2004b), S. 32, ISBN 0-415-33340-7

C.K. Gupta, N. Krishnamurthy, *Extractive Metallurgy of Rare Earths*, CRC Press, 2005

R. Haire et al., *Magnetism of the heavy 5f elements*. J. Less Common Metals **93**(2), 293 (1983)

Halmshaw, Industrial Radiology: Theory and Practice, 2. Aufl., (Springer, 1995), S. 60–61

C.R. Hammond, The elements. *Handbook of Chemistry and Physics*, 81. Aufl. (CRC Press, 2000), ISBN 0-8493-0481-4

C.R. Hammond, Promethium in The Elements, in *CRC Handbook of Chemistry and Physics*, Hrsg. W. M. Haynes., 92. Aufl. (CRC Press, 2011), S. 4–28. ISBN 1439855110

P. Hänninen, H. Härmä, *Lanthanide Luminescence. Photophysical, Analytical and Biological Aspects* (Springer, 2011), S. 220. ISBN 978-3-6422-1022-8

G.B. Haxel et al., Rare Earth Elements – Critical Resources for High Technology. US Geological Survey, Fact Sheet 087-02, 17. Mai 2005 (2005)

F. Hecht, M.K. Zacherl, Handbuch der Mikrochemischen Methoden (Springer-Verlag, Wien, 1955)

R.W. Hoard et al., Field Enhancement of a 12,5 T magnet using Holmium poles. IEEE Trans. Magn. **21**(2), 448–450 (1985)

H. Hofmann, G. Jander, *Qualitative Analyse* (De Gruyter, Berlin, 1972), S. 160

A.F. Holleman, E. Wiberg, N. Wiberg, *Lehrbuch der Anorganischen Chemie*, 102. Aufl. (De Gruyter, Berlin, 2007), S. 1938–1944. ISBN 978-3-11-017770-1

T. Hundt, Vietnam sortiert den Bergbau neu. Germany Trade & Invest. http://www.gtai. de/GTAI/Navigation/DE/Trade/maerkte,did=530176.html. Zugegriffen: 5. März 2012 (2012)

IAMGOLD Corporation, Rare Earth Elements **101**, S. 5–7, April 2012 (2012)

M. Jackson, Magnetism of rare earths. IRM Q **10**(3), 1 (2000a)

M. Jackson, Wherefore Gadolinium? Magnetism of the Rare Earths (Institute for Rock Magnetism). IRM Q. **10**(3) (2000b)

G. Jantsch, A. Ohl, Zur Kenntnis der Verbindungen des Dysprosiums. Ber. Dtsch. Chem. Ges. **44**(2), 1274–1280 (1911)

D. Jiles, Introduction to Magnetism and Magnetic Materials (CRC Press, 1998), S. 228. ISBN 0-412-79860-3

S.-B. Johannesson, L.-E. Johansson, Reaktorkern für einen Siedewasserreaktor, DE4423128. Angemeldet 26. Januar 1995 (1995)

J.J. Katz et al., Higher oxides of the lanthanide elements: Terbium dioxide. J. Am. Chem. Soc. **73**(4), 1475–1479 (1951)

R. Kieffer et al., *Sondermetalle–Metallurgie/Herstellung/Anwendung* (Springer-Verlag, Wien, 1971)

P. Kittel, Advances in Cryogenic Engineering, Bd. 39a

L. Koch et al., Verfahren zur Trennung von Stoffgemischen durch Lösungsmittelextraktion in wässrig/organischer Phase in Gegenwart von Laserstrahlung und dessen Anwendung zur Trennung von anorganischen und organischen Stoffgemischen. EP 0542179 A1 vom 19. Mai 1993 (1993)

R.E. Krebs, Dysprosium. The History and Use of our Earth's Chemical Elements (Greenwood Press, 1998), S. 234–235. ISBN 0-313-30123-9

R.E. Krebs, The History and Use of Our Earth's Chemical Elements: A Reference Guide (Greenwood Publishing Group, 2006), S. 303–304. ISBN 0-313-33438-2

J. Kühn, Physikochemische Eigenschaften von MRT-Kontrastmitteln. Institut für Diagnostische Radiologie und Neuroradiologie, Ernst-Moritz-Arndt-Universität, Greifswald

J.J. Lagowski, Chemistry Foundations and Applications. Thomson Gale, S. 267–268 (2004)

J.M. Lock, The magnetic susceptibilities of lanthanum, cerium, praseodymium, neodymium and samarium, from 1,5 to 300 K. Proc. Phys. Soc. Ser. B **70**(6), 566 (1957)

D. Lohmann, N. Podbregar, Im Fokus: Bodenschätze. Auf der Suche nach Rohstoffen (Springer-Verlag, Berlin, 2012), S. 7–15

F. Maisano, F. Crivellin, Process for the preparation of chelated compounds, EP 09179438.8 A1 vom 16. Dezember 2009 (2009)

J.A. Marinsky et al., The Chemical Identification of Radioisotopes of Neodymium and of Element 61. J. Am. Chem. Soc. **69**(11), 2781–2785 (1947)

D.E. McCumber, Einstein relations connecting broadband emission and absorption spectra. Phys. Rev. B **136**(4A), 954–957 (1964)

I. McGill, Rare earth elements, in Ullmann's Encyclopedia of Industrial Chemistry (Wiley-VCH, Weinheim, 2012)

Metallium Inc., Watertown, MA 02471, USA, http://www.elementsales.com

V. Meyer, *Praxis der Hochleistungsflüssigchromatographie* (Wiley, 2008), Kap. 12.7, S. 195

G. Meyer, T. Schleid, The metallothermic reduction of several rare-earth trichlorides with lithium and sodium. J. Less Common Metals **116**, 187 (1986)

Molycorp Minerals, Inc., Installation of an Expanded Leach System (Greenwood Village CO, USA, 2014). http://www.molycorp.com/. Zugegriffen: 30. Sept. 2014

L.R. Morss et al., Actinium, in *The Chemistry of the Actinide and Transactinide Elements* (Springer-Verlag, Dordrecht, 2006), S. 18–51

A. Mumme, *Seltene Erden* (Institut für Seltene Erden und Metalle e. V., Düsseldorf, 2014). http://institut-seltene-erden.org/seltene-erden/. Zugegriffen: 11. Aug. 2014

S. K. Nair, M. C. Mittal, Rare Earths in Magnesium Alloys. Mater. Sci. Forum. **30** (1988)

Neue Zürcher Zeitung, Chinas Beinahe-Monopol bei seltenen Erden, Exportembargo als politisches Druckmittel, Internationale Ausgabe. http://www.nzz.ch/aktuell/wirtschaft/uebersicht/chinas-beinahe-monopol-bei-seltenen-erden-1.7748005. Zugegriffen: 1. Okt. 2010 (2010)

R. Nopper, *Entwicklung von Verfahren zur Bestimmung von Spurengehalten Seltener Erden in verschiedenen Matrizes mit ICP-AES nach Anreicherung und Abtrennung mittels Extraktionschromatographie,* Dissertation Universität Duisburg-Essen (2003)

M.J. Norman et al., Multipass reconfiguration of the HELEN Nd: Glass laser at the atomic weapons establishment. Appl. Opt. **41**(18), 3497–3505 (2002)

T.A. Parish, Use of UraniumErbium and PlutoniumErbium Fuel in RBMK Reactors. Safety issues associated with plutonium involvement in the nuclear fuel cycle (Kluwer, Boston, 1999), S. 121–125. ISBN 978-0-7923-5593-9

P. Patnaik, *Handbook of Inorganic Chemical Compounds* (McGraw-Hill, 2003a), S. 920–921. ISBN 0-07-049439-8

P. Patnaik, *Handbook of Inorganic Chemical Compounds* (McGraw-Hill, 2003b), S. 293–295. ISBN 0-07-049439-8

P. Patnaik, *Handbook of Inorganic Chemical Compounds* (McGraw-Hill, 2003c), S. 510. ISBN 0-07-049439-8

F. Pothen, Chinas Monopolstellung bei Seltenen Erden schwindet, (Zentrum für Europäische Wirtschaftsforschung GmbH (ZEW), Mannheim, 2014). http://www.zew.de/de/presse/2630/chinas-monopolstellung-bei-seltenen-erden-schwindet. Zugegriffen: 6. Mai 2014 (2014)

S. Radhakrishnan et al., *Radioisotope Thin-Film Powered Microsystems* (Springer-Verlag, 2010), S. 12, ISBN 1441967621

Rare Earth Metals Long Time Exposure Test Retrieved. http://www.elementsales.com/re_exp/. Zugegriffen: 8. Aug. 2009 (2009)

C. Rau, S. Eichner, Evidence for ferromagnetic order at gadolinium surfaces above the bulk curie temperature. Phys. Rev. B **34**, 6347–6350 (1986)

K. Reinhardt, H. Winkler, Cerium Mischmetal, Cerium Alloys, and Cerium Compounds in Ullmanns Enzyklopädie für Industrielle Chemie (Wiley-VCH, Weinheim, 2000)

Roland Berger Strategy Consultants, The Rare Earth Challenge: How Companies React and What They Expect for the Future, Study. http://www.rolandberger.de/medien/news/Szenariostudie_zu_Seltenen_Erden.html. Zugegriffen: 9. Okt. 2011 (2011)

L. L. Rokhlin, *Magnesium Alloys Containing Rare Earth Metals: Structure and Properties* (CRC Press, 2003). ISBN 0-415-28414-7

F.W.D. Rost, *Fluorescence Microscopy*, Bd. 2 (Cambridge University Press, Cambridge, 1995) S. 291. ISBN 0-521-41088-6

P. Sartori, *Grundlagen der Allgemeinen und Anorganischen Chemie* (De Gruyter, 1975), S. 961

U. Schlarb, B. Sugg, Refractive Index of Terbium Gallium Garnet, (Fachbereich Physik, Universität Osnabrück, 1994)

M. Schossig, Seltene Erden, Daten und Fakten (Öko-Institut e. V., Berlin, 2011)

C.J.M. Schwantes et al., Preparation of a non-curie 171Tm target for the detector for advanced neutron capture experiments (DANCE). J. Radioanal. Nucl. Chem. **276**(2), 533–542 (2008)

J.S. Schweitzer, Evaluation of cerium doped lutetium oxyorthosilicate (LSO)scintillation crystals for PET. Nucl. Sci. **40**(4), 1045–1047 (1993)

M. Shelley et al., Radioisotopes for the palliation of metastatic bone cancer: A systematic review. Lancet Oncol. **6**(6), 392–400 (2005)

F.X. Shi, Y. Shi, D.C. Jiles, Modeling of magnetic properties of heat treated Dy-doped NdFeBparticles bonded in isotropic and anisotropic arrangements. IEEE Trans. Magn. **34**(4), 1291–1293 (1998)

K. Shimizu et al., Pressure-induced superconducting state of europium metal at low temperatures. Phys. Rev. Lett. **102**, 197002–197005 (2009)

H. Sicius, Private Mitteilung

M. Simard-Normandin, LED Bulbs: What's Under the Frosting? EE Times (18. Juli 2011), S. 44–45. ISSN 0192-1541

J.R. Simpson, Erbium-doped Fiber Amplifiers: Fundamentals and Theory (Academic press, 1999)

Spiegel Online, China verstärkt Kontrolle über Hightech-Metalle, Hamburg. http://www.spiegel.de/forum/wirtschaft/seltene-erden-china-verstaerktkontrolle-ueber-hightech-metalle-thread-58360-1.html. Zugegriffen: 9. April 2012 (2012)

Spiegel Online, Pazifik: Japaner finden gigantische Mengen Seltener Erden, Hamburg. http://www.spiegel.de/wissenschaft/natur/japaner-finden-gigantische-mengen-seltener-erden-im-pazifik-a-890255.html. Zugegriffen: 21. März 2013 (2013)

Spiegel Online, Hamburg. http://www.spiegel.de/wissenschaft/natur/rohstoffe-china-bleibt-top-produzent-bei-seltenen-erden-a-958226.html. Zugegriffen: 12. März 2014 (2014)

Thinking-kompakt, Gesamtverband der Arbeitgeberverbände der Metall- und Elektro-Industrie e. V., Berlin, Ausgabe 4. http://www.think-ing.de (2013)

F. Trombe, *L'isolement de gadolinium*. Comptes Rendus **200**, 459 461 (1935)

A. Trovarelli, *Catalysis by ceria and related materials* (Imperial College Press, 2002), S. 6–11. ISBN 978-1-86094-299-0

K. Ueda et al., Single-mode solid-state laser with short wide unstable cavity. J. Optic. Soc. Am. B **22** (8), 1605–1619 (2005)

G. Urbain, P.-E. Weiss, F. Trombe, *Un nouveau métal ferromagnetique, le gadolinium*. Comptes Rendus **200**, 2132–2134 (1935)

U.S. Geological Survey, Argonne National Laboratory

C.J. Van Nieuwenburg, J.W.L. Van Ligten, *Qualitative Chemische Analyse*, Springer. Softcover-Nachdruck der ersten Originalausgabe von 1959 („Kwalitatieve chemische analyse")

R.L. Wahl, Instrumentation. Principles and Practice of Positron Emission Tomography (Lippincott Williams and Wilkins, Philadelphia, 2002), S. 51

Y. Wei, R.L. Brainard, Advanced Processes for 193-NM Immersion Lithography (SPIE Press, 2009), S. 12. ISBN 0-8194-7557-2

J. Weis, *Ionenchromatographie* und darin genannte Literatur, 3. Aufl. (Wiley, 2001), S. 4–49

Wirtschaftswoche, Wertvoller Rohstoff – Tonnenweise Seltene Erden in Sachsen gefunden (Handelsblatt GmbH, Düsseldorf, 2013). http://www.wiwo.de/finanzen/geldanlage/wertvoller-rohstoff-tonnenweise-seltene-erden-in-sachsen-gefunden/7720926.html. Zugegriffen: 2. Feb. 2013

M. Zhang et al., Design and fabrication of Pr3+-doped fluoride glass optical fibres for efficient 1.3 mu m amplifiers. Pure Appl. Opt. A **4**(4), 417 (1995)

Printed in the United States
By Bookmasters